ネスペ

R4

れいわよん

左門至峰・平田賀一 著

技術評論社

はじめに

　本書は，ネットワークスペシャリストを目指す皆さんが，試験に合格されることを願って書いた本です。

　この試験は非常に難関です。令和4年度も，これまでと同様にとても難しい問題でした。加えて，これまで問われたことがなかった新しい技術の出題がありました。たとえば，午後Ⅰ問2のVRF（Virtual Routing and Forwarding）や午後Ⅰ問3のケルベロス認証，午後Ⅱ問2のコンテナ技術です。試験会場にて，初めて目にするこれらの技術を理解し，そして設問を解くというのは大変な作業です。

　ですが，問題文の内容が難しくても，設問も同じように難しいかというと，必ずしもそうではありません。正答を導くヒントが問題文や設問文に埋め込まれているからです。ネットワークの基礎知識を持った上で，問題文のヒントを活用しながら解くことで，満点は無理でも，合格ラインである6割は突破できるのです。本書はそこに着目し，単にネットワークの知識解説だけでなく，問題文にちりばめられたヒントや解答の導き方，答案の書き方までも解説しています。

　本書は，サブタイトルに「最も詳しい」「過去問解説」と付けています。文字どおり，どの本よりも詳しい解説を掲載しています。そして，「本物のネットワークスペシャリストになるための」とも付けています。それは，試験合格はもちろんのこと，「本物のネットワークスペシャリスト」になってもらうことを意識して書いた本だからです。つまり，「こう問われたらこう答える」などの試験テクニックだけを身に付けて合格するための本にはしていません。

　資格だけ持っていて，業務がまったくできないネットワークスペシャリストでは意味がありません。プロ中のプロ，「さすがネットワークスペシャリストは違うなあ」「彼（彼女）は本物だ！」といわれるような知識・経験を身に付けられるような本にしました。ですから，実務での実情や，実際の設定も紹介しています。また，各技術の裏側にある本質的なところも，なるべく丁寧に解説しました。

ネットワークスペシャリストに合格するための勉強方法は，基礎学習と過去問演習です。この二つの勉強を，愚直に，真剣に取り組んだ方が合格されています。

　基礎知識に関しては，拙書の『ネスペ教科書　改訂第2版』（星雲社），そして過去問については本書を含む「ネスペ」シリーズ（技術評論社）で学習してください。また，単にテキストを読むだけでなく，手を動かしながら知識が拡充されるように『手を動かして理解する ネスペ「ワークブック」』を令和4年8月に発行しました。これらの本を活用しながら，ぜひとも合格を勝ち取っていただきたいと思います。

　皆さまがネットワークスペシャリスト試験に合格されることを，心からお祈り申し上げます。

2022年10月　　左門 至峰

もくじ

第1章

本書の使い方／過去問を解くための基礎知識

1.1 本書の使い方

1 合格へは3ステップで学習を

　ネットワークスペシャリスト試験は，令和4年度の合格率がわずか17.4％という超難関試験です。そんな試験に合格するためには，やみくもに勉強を始めるのではなく，以下に示すような3ステップで行っていくとよいでしょう。まず，受験するまでの大まかな計画を立てます。計画を立てたのち，本格的な勉強に入ります。そして，ネットワークについての基礎知識をしっかりと押さえたのち，過去問題（以下「過去問」と略す）の学習を行います。

STEP 1 学習計画の立案	STEP 2 ネットワークの基礎学習	STEP 3 過去問（午後）の学習
計画例 (1) 学習スケジュール (2) 参考書や通信教育などの教材選定	(1) 参考書による学習 (2) 実務による学習 (3) 午前問題と他試験科目の学習	(1) 過去問の演習 (2) 本書での学習 (3) 基礎知識の拡充 (4) 過去問の繰り返し

STEP 1 学習計画の立案

　学習計画を立てるときは，情報収集が大事です。まず，合格に向けた青写真を描けなければいけません。「こうやったら受かる」という青写真があるから，学習計画が立てられるのです。また，仕事やプライベートも忙しい皆さんでしょうから，どうやって時間を捻出するかも考えなければいけません。
　計画は，ネットワークスペシャリスト試験だけのものとは限りません。ドットコムマスターやCCNAなどのネットワーク関連の試験を受けることもあるでしょう。どのような仕事に携わってどのような知識を得られるのかや，学

生であれば学校の講義内容なども意識しましょう。ネットワークスペシャリスト試験の勉強方法は，過去問を解いたりテキストを読むことだけではありません。日々の業務も大事ですし，自分のPCでメールの設定を確認したり，オンラインバンキングの証明書の中身を見ることも，この試験の勉強につながるのです。

　計画というのは，あくまでも予定です。計画どおりいかないことのほうが多いでしょう。ですから，あまり厳密に立てる必要はありません。しかし，「これなら受かる！」と思える学習スケジュールを立てないと，長続きしません。もし，日常業務が忙しくて，合格できると思えるスケジュール立案が難しければ，受ける試験を変えたり，翌年に延期するなど，冷静な判断が必要かもしれません。

　この試験に合格するまでの学習期間は，比較的長くなるでしょう。ですから，合格に向けてモチベーションを高めることも大事です。誰かにモチベーションを高めてもらうことは期待できません。自分で自分自身をencourageする（励ます）のです。拙書『資格は力』（技術評論社）では，資格の意義や合格のコツ，勉強方法，合格のための考え方などをまとめています。勉強を始める前に，ぜひご一読いただければと思います。

■資格の意義や合格のコツ，勉強方法，合格のための考え方などをまとめた『資格は力』

 ## ネットワークの基礎学習

　次はネットワークの基礎学習です。いきなり過去問を解くという勉強方法もあります。ですが，基礎固めをせずに過去問を解いても，その答えを不必要に覚えてしまうだけで，あまり得策とはいえません。まずは，市販の参考書を読んで，ネットワークに関する基礎を学習しましょう。

　参考書選びは結構大事です。なぜなら相性があるからです。書店に行っていろいろ見比べて，自分にあった本を選んでください。私からのアドバイスは，**あまり分厚い本を選ばないこと**です。基礎固めの段階では，浅くてもい

いので，この試験の範囲の知識を一通り学習することです。分厚い本だと，途中で挫折する可能性があります。気持ちが折れてしまうと，勉強は続きません。

これまた拙書で恐縮ですが，『ネスペ教科書 改訂第2版』（星雲社）は，ネットワークスペシャリスト試験を最も研究した私が，試験に出るところだけを厳選してまとめた本です。ページ数も316ページと，手頃なものにしています。理解を助ける図やイラストも多用していますので，まずはこの本で学習していただくのもいいかと思います。

■『ネスペ教科書』は試験に出るところだけを厳選

私が書いた基礎固めの本としては，『ネスペの基礎力』（技術評論社）もあります。合格者にいただいたアンケート結果を見ると，この本を推奨してくださる方がたくさんいます。こちらは，タイトルに「プラス20点の午後対策」と入れているように，ある程度基礎を理解した人向けの本です。なので，いきなり読む本というより，他の本で基礎固めしてから読んでいただくことを意識しています。

この本では，基礎知識の解説中に143個の質問を皆さんに投げかけています。この投げかけた質問の答えはすぐに見るのではなく，自らしっかりと考えて答えてください。そうすることで，わかったつもりになっていた知識，あいまいだった知識に対して，新たな気づきがあると思います。

■『ネスペの基礎力』はある程度基礎を理解した人向け

STEP 3 過去問（午後）の学習

網羅的に基礎知識が身に付いたら，過去問を学習しましょう。合格するには過去問を何度も繰り返し解くことが大事です。

私はかねてから，**過去問演習は4年分を3回繰り返してください**とお伝えしています。このとき，問題文を一言一句まで理解してください。なぜなら，この試験は，問題文にちりばめられたヒントを用いて正答を導くように作られているからです。単に，設問だけを読んでも正解はできません。それに，問題文に書かれたネットワークに関する記述が，ネットワークの基礎知識の学習につながるからです。

ここで役立つのが本書です。本書の過去問解説は，1年分しかありません。しかも，午前問題の解説はなく，午後問題の解説だけです。その分，問題文の解説や，設問における答えの導き方，答案の書き方までを丁寧に解説しました。

また，女性キャラクター（剣持成子といいます）が，解説の中でいくつかの疑問を投げかけます。ぜひ皆さんも，彼女の疑問に対して，自分が先生になったつもりで解説を考えてください。

そして，過去問解説の終わりには，令和4年度試験に合格された方の復元答案を記載しています。IPAから発表される解答例そのままを答えることは不可能です。ですが，違う表現で答えても多くの方が点をもらって合格されています。合格者がどのような答案を書いているかも参考にしてください。

STEP3（3）では，「基礎知識の拡充」と書きました。これは，STEP2で広く浅く勉強した知識の深堀りをすることです。過去問を解きながら，ときに実機で設定してみたり，ネットで調べたりしながら知識を深めてください。本書でも，今回の問題で登場した技術の知識に関して，問題文をベースに整理しています。今回はケルベロス認証，SSL-VPN、コンテナを解説しました。これらの解説を参考に，他の技術に関しても自分なりに理解を深めてもらいたいと思います。

ケルベロス認証についての基礎解説

令和4年度 午後Ⅰ問3では，ケルベロス認証に関して問われました。ここでは，ケルベロス認証に関する基礎知識を解説します。解説の中で「問題文」と記載があれば，今回の問題を指します。

1 こんな会社見学のルールがあるとします

ある会社の展示会場および工場の見学をするとします。見学者は，事前に見学用のチケットを購入し，会社の見学用受付にて，見学をしたいことを伝えます（下図❶）。見学用の受付では，スマホで購入したIDとパスワードを入れるように指示されます（❷）ので，入力します（❸）。すると，見学のための身分証明書がもらえます（❹）。

また，この会社では，施設（展示会場や工場など）に入るには個別のチケットが必要です。そこで，見学者は，見学用受付にて，展示会場に入りたいことを伝えます（次ページ図❶）。このとき，発行してもらった身分証明書を提示することが求められます（❷）。身分証明書を見せると（❸），展示会場のチケットがもらえます（❹）。また，工場に入るには，工場用のチケットをもらう必要があります。この場合も，見学用受付にて身分証明書を提示して，工場用のチケットをもらいます。身分証明書があるので，ID/パスワードを毎回入力する必要がありません。

　上記の会社見学は，ケルベロス認証の仕組みのイメージを例えてみたものです。ここで，見学用受付がKDC（鍵配布センター），身分証明書がTGT（チケット保証チケット），各施設の個別のチケットが，ST（サービスチケット）に該当します。

2 ケルベロス（Kerberos）認証とは？

　さきほどの会社見学のチケットをイメージしながら，ケルベロス認証の理解を深めていきましょう。

　ケルベロス認証はシングルサインオン（SSO）を実現する方式の一つです。ケルベロスとは，もともとギリシア神話に登場する番犬（門番）のことで，認証＝門番を通過する，というイメージで捉えるとよいでしょう。

　なぜSSOを使うかというと，最初に一度だけユーザ名とパスワードを入力するだけで，複数のサーバにアクセスできるからです。身近な例だと，Active Directory環境では，PCのログイン画面からドメインにログインすると，その後は認証情報を入力しなくてもファイルサーバにアクセスできます。これは，ユーザが気づかないところでPCとActive Directoryサーバとファイルサーバとの間で，ケルベロス認証が行われているからです。

　ケルベロス認証の利点は，クライアントからSSO対象のサーバ（ファイルサーバなど）に対し，パスワードを送信しなくてもよいことです。パスワードを扱う場所や機会が減るので，パスワードが漏えいしたり推測されるリスクを低減します。

なお，ケルベロス認証は主にLAN内で利用されることが多く，インターネットでの通信やWebサービスではあまり使いません。ケルベロス認証ではポート番号としてTCP/88を使う必要があるからです。WebサービスのSSOは，OAuthやSAMLなどが主流で，これらはポート番号TCP/443（HTTPS）だけで利用できます。

3 ケルベロス認証で使われる用語

　ケルベロス認証に関する用語を説明します。

①KDC（鍵配布センター：Key Distribution Center）
　問題文には以下の記載があります。

> ・PCとサーバの鍵の管理及びチケットの発行を行う鍵配布センタ（以下，KDCという）が，DSから取得したアカウント情報を基にPC又はサーバの認証を行う。

　KDCは，チケットの発行や鍵の管理，認証を行います。問題文の図2を見るとDSとKDCが一体になっているように，一般的にはKDCはディレクトリサーバ（認証サーバ）と同じサーバ上で動作します。WindowsのActive Directoryでも実はケルベロス認証が動いているのですが，ディレクトリサーバであるドメインコントローラがKDCの役割も担っています。今回の問題文の場合も，DS（ディレクトリサーバ）でKDCが稼働します。

②チケット
　問題文には以下の記載があります。

> ・チケットには，PCの利用者の身分証明書に相当するチケット（以下，TGTという）と，PCの利用者がサーバでの認証を受けるためのチケット（以下，STという）の2種類があり，これらのチケットを利用してSSOが実現できる。

KDCからクライアント（PC）に払い出されるチケットには，TGTとSTの二つがあります。チケットといっても，もちろん紙ではなく電子的なデータです。認証を受けたユーザ名や，チケットの有効期限などが記録されています。

③TGT（チケット保証チケット：Ticket Granting Ticket）

PCがKDCから受け取る身分証明書に該当するチケットです。ユーザ名とパスワードを入力し，認証に成功したあとに受け取ります。

④ST（サービスチケット：Service Ticket）

PCがSSO対象のサーバに提示する個別のチケットです。STには，許可したサービスやサーバ名の情報が記録されています。PCがSSO対象のサーバにアクセスするには，まずKDCにTGTを提示して，STを受け取ります。PCは，受け取ったSTをSSO対象のサーバに提示します。

なぜST が必要なのでしょうか。TGT だけではダメですか？

TGTをSSO対象のサーバに送ってしまうと，そのサーバはTGTを入手できてしまいます。攻撃者によってサーバが不正アクセスされると，入手したTGTを使って別のサーバにもアクセスできてしまいます。

4 ケルベロス認証の仕組み

（1）登場人物

ケルベロス認証の主な登場人物は，PC（クライアント），KDC，SSO対象サーバの三つです。

（2）共通鍵を使った暗号化

ケルベロス認証の流れを説明する前に，ケルベロス認証で利用する共通鍵について簡単に説明しておきます。ここでは，「へー，共通鍵を使うんだ」くらいの理解で十分です。

- ケルベロス認証では，共通鍵暗号による認証及びデータの暗号化を行っている。

　ケルベロス認証の特徴の一つが，共通鍵を使う点です。といっても，共通鍵暗号で直接認証するのではなく，認証そのものはID/パスワードを使います。その際，認証情報（ID/パスワード）を共通鍵で暗号化します。

- KDCが管理するドメインに所属するPCとサーバの鍵は，事前に生成してPC又はサーバに登録するとともに，全てのPCとサーバの鍵をKDCにも登録しておく。

　ここでの「サーバ」とは，SSO対象のサーバ（問題文の場合，営業支援サーバ）のことです。KDC（ディレクトリサーバ）ではないので注意して下さい。
　さて，上記の記載のとおり，PCやSSO対象のサーバの共通鍵がKDCに保存されています（下図）。
※PCやサーバごとに鍵はすべて異なります。

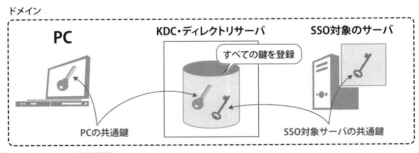

■KDCにすべての鍵を登録

　利用者がドメインにログインするタイミングでは，PCとKDCの間ですでに共通鍵が共有されています。

どうやって共通鍵を共有するのですか？

PCやSSO対象のサーバが，ケルベロス認証の枠組みに参加するタイミング（たとえば，PCをActive Directoryに参加させるタイミング）で実施します。ドメインに参加するPCは，共通鍵を生成し，その共通鍵をKDCに登録します。

（3）認証の流れ

問題文を参照しながら，ケルベロス認証の流れを確認しましょう。

PCの電源投入から，営業支援サーバへのアクセスの流れを図示したのが図2です。

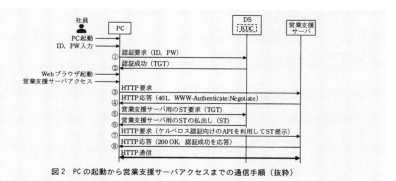

図2 PCの起動から営業支援サーバアクセスまでの通信手順（抜粋）

正直，それほど難しくはありません。PCは，①と②で，KDCからTGTを受け取ります。また，営業支援サーバに通信をするために，KDCに対してSTを要求（⑤）し，受領します（⑥）。

念のため，問題文に沿って補足します。

① PCは，DSで稼働するKDCにID，PWを提示して，認証を要求する。
② KDCは，ID，PWが正しい場合にTGTを発行し，PCの鍵で暗号化したTGTをPCに払い出す。PCは，TGTを保管する。

①と②の通信ですが，PCとKDC間では，TCP/88を使います。また，TGTはPCの共通鍵で暗号化されます。共通鍵はPCとKDCしか知らないので，第三者が盗聴してもTGTを復号できません。

③ 省略
④ 省略

③では，HTTP要求（TCP/80または443）を営業支援サーバに送信します。HTTP要求を受信した営業支援サーバは，認証されていないPCからのアクセスなので，ケルベロス認証を要求します（④）。401とはユーザ認証されていないことを示すHTTPのステータスコードです。WWW-Authenticate:Negotiateとありますが，「Authenticate（認証）」をKDCに「Negotiate（交渉）」するように依頼していると考えてください。

⑤　PCは，KDCにTGTを提示して，営業支援サーバのアクセスに必要なSTの発行を要求する。

②でPCが取得したTGTを使って，PCからKDCに対してSTを要求します。

⑥　KDCは，TGTを基に，PCの身元情報，セッション鍵（❶）などが含まれたSTを発行し，営業支援サーバの鍵でSTを暗号化する（❷）。さらに，KDCは，暗号化したSTにセッション鍵（❸）などを付加し，全体をPCの鍵で暗号化（❹）した情報をPCに払い出す（❺）。

流れはここに記載のとおりですが，番号を振った以下の図と対比しながら内容を確認してください。ちなみに，❶と❸のセッション鍵は同一のものです。

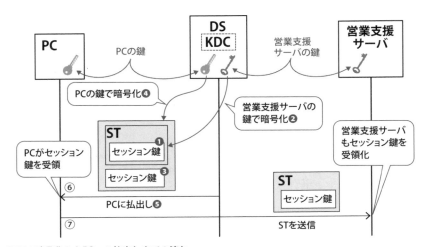

■STの暗号化からPCへの払出しまでの流れ

❷ですが，営業支援サーバの共通鍵で暗号化したら，PC は ST の中身を見ることができませんよね？

　はい，PCは営業支援サーバの鍵をもっていませんから，そのとおりです。ですが，PCが正しいSTをもっていることが大事で，STの中身が見えなくても構わないのです。

> セッション鍵は，通信相手の正当性の検証などに利用される。

　先の図を見てもらうとわかるように，PCと営業支援サーバに，共通のセッション鍵が送られます。⑦や⑧の通信では，セッション鍵で暗号化したデータを送受しています。このやりとりのなかで正しく復号できるということは，相手が同じセッション鍵を有しているということで，通信相手の正当性の検証ができます。

> ⑦　PCは，全体が暗号化された情報の中からSTを取り出し，ケルベロス認証向けのAPIを利用して，STを営業支援サーバに提示する。

　PCは，暗号化されたSTを，暗号化されたまま営業支援サーバに送信します。

> ⑧　営業支援サーバは，STの内容を基にPCを認証するとともに，アクセス権限をPCに付与して，HTTP応答を行う。

　営業支援サーバは，受信したSTを復号します。復号したSTの内容を確認して，PCからのアクセスが正規であると認証し，アクセスを受け付けます。「アクセス権限をPCに付与」とありますが，PCに何かを渡すわけではありません。そのPCからの属性情報を含む通信のセッションを管理し，許可/拒否をしていると考えてください。

　参考として，Active Directoryに参加したWindowsクライアントでのチケットを紹介します。klistコマンドを使うと，保有しているチケットの一覧を確認できます。次の例では，KDCから受信したTGT（#0）と，ファイルサー

バ（CIFS）にアクセスするための ST（#1）の二つのチケットをもっている
ことがわかります。

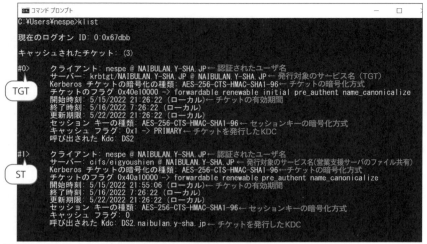

■Windowsクライアントで保有している二つのチケットの例

5 ケルベロス認証と DNS

（1）なぜケルベロス認証に DNS が必要か

問題文には，以下の記載があります。

> ケルベロス認証導入時には，DNSのリソースレコードの一つであるSRV
> レコードの利用が推奨されているので，SRVレコードについて調査した。

なぜケルベロス認証と DNS が関係するのですか？

ケルベロス認証のサーバ（KDC）の IP アドレスを，DNS を使って探すた
めです。

具体的に説明します。

まず，PCがケルベロス認証によってドメイン（naibulan.y-sha.jp）に接続しようとします（PCがActive Directoryに接続するのと同様です）。PCは，参加するドメイン名「naibulan.y-sha.jp」に「_kerberos._tcp.」を付与した「_ kerberos._tcp.naibulan.y-sha.jp.」というSRVレコードを，DNSサーバに問い合わせます（下図❶）。もちろん，問い合わせをするDNSサーバは，PCのネットワーク設定で事前に設定したものです。そして，DS1. naibulan. y-sha.jpというホスト名を得たとします（❷）。PCは次に，ホスト名（DS1. naibulan.y-sha.jp）を基にAレコードを問い合わせ（❸），KDCのIPアドレスを知ります（❹）。KDCのIPアドレスがわかったので，PCはKDCに対して図2①の認証要求を行います（❺）。

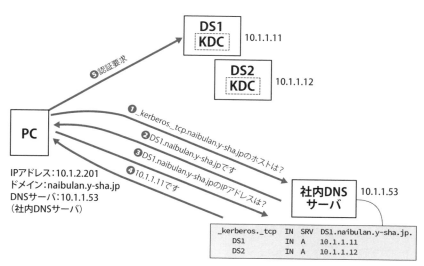

■ PCはKDCのIPアドレスをDNSに問い合わせる

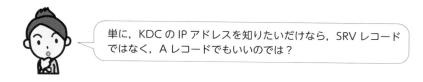

単に，KDCのIPアドレスを知りたいだけなら，SRVレコードではなく，Aレコードでもいいのでは？

はい，SRVレコードといっても，やっていることはAレコードみたいなものです。ただ，SRVレコードの場合，このあとに記載があるように，優先度や重み付け，ポートを指定できます。

では，SRV レコードを使わずに，IP アドレスで
指定してもいいですか？

　まあ，できなくもないでしょう。設問3（1）では，SRVレコードを使わ
ない方法が問われています。でも，IPアドレスを直接指定すると，ディレク
トリサーバの冗長化ができません。FQDNで指定し，ディレクトリサーバの
IPアドレスを複数設定し，負荷分散するほうが理にかなっています。

　余談ですが，WindowsのActive Directoryでドメインを構成する場合，
SRVレコードの設定などは，Active Directoryのサーバ（兼DNSサーバ）が
勝手に実施します。なので，このあたりを意識することはほとんどありません。

（2）SRVレコードの内容

　問題文を見てみましょう。

> 　X主任が作成した，ケルベロス認証向けのSRVレコードの内容を図4に
> 示す。ここで，DS1とDS2は，本社に導入予定のDSのホスト名である。

_Service._Proto.Name	TTL	Class	SRV	Priority	Weight	Port	Target
_kerberos._tcp.naibulan.y-sha.jp.	43200	IN	SRV	120	2	88	DS1.naibulan.y-sha.jp.
_kerberos._tcp.naibulan.y-sha.jp.	43200	IN	SRV	120	1	88	DS2.naibulan.y-sha.jp.

図4　ケルベロス認証向けの SRV レコードの内容

図4に，SRVレコードの具体例が載っています。

　一番左の「_Service._Proto.Name」という項目ですが，先頭から「Service
＝サービス名」「Proto＝プロトコル（TCPかUDPか）」「Name＝ドメイン名」
です。今回の場合，サービス名がkerberos，プロトコルがTCP，ドメイン名
がnaibulan.y-sha.jp です。ただ，Active Directoryで構築した場合は自動で名
前が付与されます。あまり意識しなくてもいいでしょう。「ふーん，そんな
もんなんだ」くらいに考えておいてください。

ちなみに，「_kerberos」などと，「_（アンダースコア）」が
付いているのはなぜですか？

　ケルベロス認証のサーバであれば，kerberosというホスト名を付けようとする人もいるでしょう。そのような，一般のホスト名と重複しないようにするためです。

　では，実際のSRVレコードの例を見てみましょう。以下は，Windows Server2022においてActive Directoryで構築したときのDNSの設定です。2台のドメインコントローラ（＝ディレクトリサーバ）のSRVレコードが自動的に登録されていることがわかります。

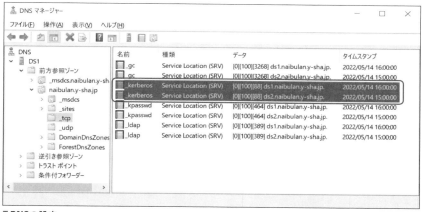

■DNSの設定

　では，上側（ds1.naibulan.y-sha.jp）の内容を確認しましょう。

■ds1.naibulan.y-sha.jpの内容

これを見てもらうとわかるように，問題文の図4にあるような，優先順位（Priority），重み（Weight），ポート番号（Port）などが設定されています。これらの意味は，問題文（以下）に記載されているとおりです。

Priorityは，同一サービスのSRVレコードが複数登録されている場合に，利用するSRVレコードを判別するための優先度を示す。Priorityが同じ値の場合は，WeightでTargetに記述するホストの使用比率を設定する。Portには，サービスを利用するときのポート番号を記述する。

　念のため，以下に整理します。

■Priority，Weight，Port，Targetの意味

項目	説明
Priority	利用するSRVレコードを判別するための優先度
Weight	Targetに記述するホストの使用比率（Priorityが同じ値の場合に使用）
Port	サービスを利用するときのポート番号
Target	ケルベロス認証を行うサーバのFQDN

1.3 SSL-VPN の3方式

nespeR4

令和4年度 午後Ⅱ問1では，SSL-VPNの三つの方式について述べられています。ここでは，その三つの方式について解説します。解説の中で「問題文」と記載があれば，今回の問題文を指すと考えてください。

問題文にあるように，「SSL-VPNは，リバースプロキシ方式，ポートフォワーディング方式， イ：L2 フォワーディング 方式の3方式」があります。では，順に解説します。

1 リバースプロキシ方式

問題文では，「リバースプロキシ方式のSSL-VPNは，インターネットからアクセスできない社内のWebアプリケーションへのアクセスを可能にする」とあります。流れは以下のとおりです。

❶社外のPCからDMZに配置されたSSL-VPN装置にHTTPS（ポート番号443）でリモートアクセスをします。

❷SSL-VPN装置では，利用者が正規であるかどうかをID/パスワードなどを利用して認証をします。

❸認証が許可されると，社内のWebアプリケーションにアクセスできます。

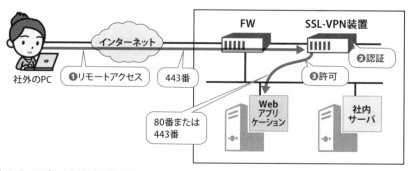

■ リバースプロキシ方式の構成例

このとき，リバースプロキシ方式で接続できるのは，80番または443番で動作するWebアプリケーションです。Webアプリケーションに接続するだけなので，社外のPCにはブラウザがあればよく，専用ソフトは不要です。

2 ポートフォワーディング方式

リバースプロキシは，Webシステム（80番，443番）に対してリモート接続する方式でした。しかし，業務用のアプリケーションやリモートデスクトップ（RDP：3389番）などの専用アプリケーションを使いたいというニーズが出てくることでしょう。問題文には，「ポートフォワーディング方式のSSL-VPNは社内のノードに対してTCP又はUDPの任意の ウ：ポート へのアクセスを可能にする」とあります。以下の図を見てください。SSL-VPN装置へHTTPS（443番）でアクセスしても，意味がありません。専用のアプリケーションから業務サーバへは専用のポート（この場合は1100番）で通信しなければいけないからです。

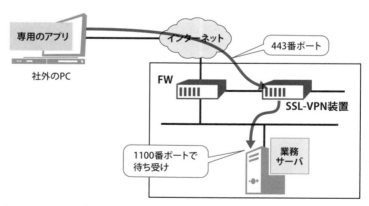

■ポートフォワーディング方式は専用のポートで接続する必要がある

そうか，プロトコルが違うから正常に通信ができないのですね。

そうなんです。単にポート番号を443番から1100番に変換すればいいというものではありません。そこで，問題文にあるように，「SSL-VPN接続を開始するテレワーク拠点のPCに，SSL-VPN接続を行うためのクライアントソフトウェアモジュール（以下，SSL-VPNクライアントという）」を入れます。SSL-VPNクライアントとSSL-VPN装置との間でHTTPS（443）による安全な通信経路を確保します。そして，その中で専用のアプリケーションを通すようにしたのです。

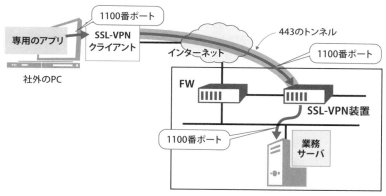

■ ポートフォワーディング方式は安全な通信路を構築

3 L2 フォワーディング方式

　問題文にあるように，L2フォワーディング方式を利用する際にもSSL-VPNクライアントが必要です。このSSL-VPNクライアントは，PCとSSL-VPN装置間のSSL/TLS接続トンネルを作ります。そして，そのトンネルの上でレイヤ2の中継を行います。**レイヤ2レベルの通信が行えます**から，まるで同一LAN内にいるかのような通信が可能です。たとえば，HTTP通信だけでなく，SMTP通信やファイル共有など，さまざまなアプリケーションが利用できるのです。ですから，問題文にあるように，「 イ：L2フォワーディング 方式のSSL-VPNは，動的にポート番号が変わるアプリケーションプログラムでも社内のノードへのアクセスを可能にする」ことができます。同一LANと同様の通信ができるので，ポート番号が変わろうが，何番だろうが関係な

いのです。

　さらに，リバースプロキシ方式やポートフォワーディング方式と違う点は，L2フォワーディング用に専用のIPアドレスが割り当てられることです。

社内LANのIPアドレスを割り当てることもできますか？

　はい，そうすることが一般的です。ですから，リモートアクセスで接続したPCが，まるで社内LANに接続されたPCであるかのように各種サーバにアクセスできます。

　以下にL2フォワーディング方式の構成例を紹介します。認証まではリバースプロキシ方式と同様の流れです。その後，SSL-VPN装置にあるIPアドレスプールの中から，リモートアクセスしてきたPCに仮想のIPアドレスが払い出されます（下図❶）。PCは，仮想IPアドレスを用いて社内システムにアクセスします（下図❷）。

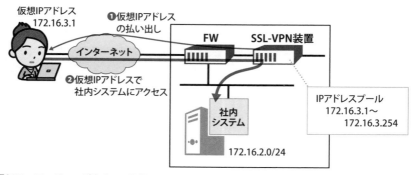

■L2フォワーディング方式での仮想IPアドレスの払い出し

　参考までに，次ページはFortiGateに設定したSSL-VPNにL2フォワーディング方式で接続した場合の「ipconfig /all」の実行結果です。物理NIC以外に，仮想NICが存在しています。仮想NICには，仮想IPアドレスとして，プライベートIPアドレスの172.16.3.1が割り当てられています。

```
イーサネット アダプター イーサネット 2:                    仮想 NIC

   接続固有の DNS サフィックス . . . . . :
   説明. . . . . . . . . . . . . . . . . : Fortinet SSL VPN Virtual Ethernet Adapter
   物理アドレス. . . . . . . . . . . . . : 00-09-0F-AA-00-01
   DHCP 有効. . . . . . . . . . . . . . : いいえ
   自動構成有効. . . . . . . . . . . . . : はい
   リンクローカル IPv6 アドレス. . . . . : fe80::74f0:8db2:c9e0:2c9b%9(優先)
   IPv4 アドレス. . . . . . . . . . . . : 172.16.3.1(優先)         仮想 IP アドレス
   サブネット マスク. . . . . . . . . . : 255.255.255.255
   デフォルト ゲートウェイ. . . . . . . : 172.16.3.2
   DHCPv6 IAID. . . . . . . . . . . . . : 150997263
   DHCPv6 クライアント DUID. . . . . . : 00-01-00-01-2A-86-B7-3F-CE-BA-7C-92-49-C6
   DNS サーバー. . . . . . . . . . . . : 1.1.1.1
                                         1.0.0.1
   NetBIOS over TCP/IP. . . . . . . . . : 有効

イーサネット アダプター イーサネット インスタンス 0:          物理 NIC

   接続固有の DNS サフィックス . . . . . : iptvf.jp
   説明. . . . . . . . . . . . . . . . . : Intel(R) PRO/1000 MT Network Connection
   物理アドレス. . . . . . . . . . . . . : CE-BA-7C-92-49-C6
   DHCP 有効. . . . . . . . . . . . . . : はい
   自動構成有効. . . . . . . . . . . . . : はい
   IPv6 アドレス. . . . . . . . . . . . : 2400:               5d78(優先)
   一時 IPv6 アドレス. . . . . . . . . . : 2400:               7b64(優先)
   リンクローカル IPv6 アドレス. . . . . : fe80::bc60:62bb:ece3:5d78%15(優先)
   IPv4 アドレス. . . . . . . . . . . . : 10.0.99.2(優先)         実 IP アドレス
   サブネット マスク. . . . . . . . . . : 255.255.0.0
   リース取得. . . . . . . . . . . . . . : 2022年8月11日 23:42:30
   リースの有効期限. . . . . . . . . . . : 2022年8月18日 23:42:30
   デフォルト ゲートウェイ. . . . . . . : fe80::a5b:eff:fe7a:e854%15
                                         10.0.1.253
   DHCP サーバー. . . . . . . . . . . . : 10.0.1.253
   DHCPv6 IAID. . . . . . . . . . . . . : 114211452
   DHCPv6 クライアント DUID. . . . . . : 00-01-00-01-2A-86-B7-3F-CE-BA-7C-92-49-C6
```

▌ipconfigによる仮想NICの様子

1.4 コンテナについて

1 コンテナの概要

　午後Ⅱ問2の問題文では，「コンテナ仮想化技術」に関して，「あるOS上で仮想的に分離された複数のアプリケーションプログラム実行環境を用意し，複数のAPを動作させることができる」とあります。コンテナはもともと容器や入れ物という意味です。

　荷物を運ぶコンテナ船のコンテナですか？

　はい，そうです。コンテナを分けることで，複数の会社の荷物を混ざることなく運搬できます。仮想化技術のコンテナも概念的には同じです。一つのOS上で，複数の環境（コンテナ）を稼働させる仕組みです。

　では，サーバの仮想化技術とどう違うのでしょうか。次ページの図で説明します。

　たとえば，ApacheによるWebサーバを三つ起動したいとします。

　左のサーバ仮想化技術を使う場合，ゲストOSを三つ用意し，それぞれにApacheをインストールします。右のコンテナ仮想化技術を使う場合は，Apacheのイメージは一つだけです。三つのコンテナを作り，三つのWebサーバを構築できます。これが，問題文にある「仮想的に分離された（複数の）アプリケーションプログラム実行環境」のことです。Apacheのアプリケーションが仮想的に三つに分離されています。

サーバ仮想化

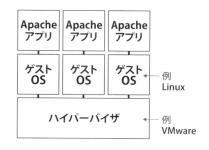

コンテナ

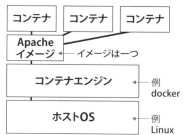

■ サーバ仮想化とコンテナの違い

2 コンテナの利点

コンテナのほうがそんなに便利なのですか？

はい。その理由として，問題文に以下の記述があります。

リソースの無駄が少ないことやアプリケーションプログラムの起動に要する時間を短くできる特長を生かすために，コンテナ仮想化技術の利用を進め，順次移行する。

順に解説します。

①リソースの無駄が少ない

上の図を確認してください。サーバ仮想化はOSが三つありますが，コンテナのほうはOSが一つだけです。最近のOSは起動するだけで数百Mバイトのメモリを必要としますし，ディスク容量もたくさん必要です。OSが少ないほうが効率的です。

②アプリケーションプログラムの起動に要する時間が短い

コンテナの場合，OSはすでに起動しておりアプリケーションを起動する

だけなので，短時間で起動できます。

　それ以外には，構築の時間が非常に短縮されます。このあとに具体的な設定例を紹介しますが，サーバの構築がとても簡単です。

3 コンテナのネットワーク

　今回，仮想サーバの場合には外部ネットワークと仮想サーバはレイヤ2で接続します。それに対し，コンテナではレイヤ3で接続します。外部ネットワークとの間に仮想ルータがあり，コンテナは仮想ルータ経由で外部のネットワークと接続します。

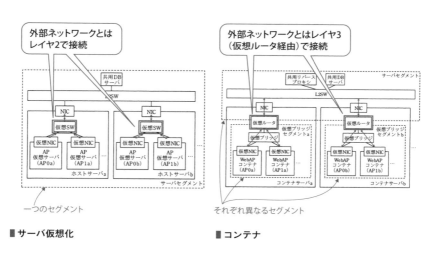

■ サーバ仮想化　　　　　　　　　　　　■ コンテナ

なぜコンテナは L2 ではなく L3 なのですか？

　コンテナサーバ内では，自動でL3のネットワークが作成されます。なので，「なぜL3か」というと，そういう仕様だからです。もちろん，コンテナでもL2のネットワークを組むこともできなくはないでしょう。しかし，上左図

のサーバ仮想化のように，全部を同一セグメントで構築する場合には，IPアドレスの重複などにも注意が必要です。そうなると，コンテナのメリットである導入の手間の軽減，つまり自動でネットワークを組めなくなってしまいます。コンテナの場合はL3で構築してNAPTやポートフォワードによるIPアドレス変換をします。なので，IPアドレスが重複しても問題ありません。構築する人が簡単にサーバを構築できるように考えた結果，L3で組むようになったのでしょう。

4 実際に設定してみよう

p.29の図に基づき，ApacheのWebサーバを3台構築してみましょう。これを見ると，仮想サーバを3台構築するのに比べて，非常に簡単なことがわかってもらえると思います。

（1）設計概要

- ホストOS：Linux（AWSのEC2上で動くAmazon Linux）
- コンテナエンジン：docker
- コンテナイメージ：Apache

  ※コンテナイメージとは，使いたいアプリケーションが入ったOS込みのイメージファイル。DockerHubからdocker pullというコマンドを使って簡単に入手が可能。

- コンテナ：以下の三つを作成

	コンテナ名	ポート番号	外部から接続時のURL
1	WebServ1	8000	http://192.168.0.112:8000
2	WebServ2	8001	http://192.168.0.112:8001
3	WebServ3	8002	http://192.168.0.112:8002

構成を図にすると，次のようになります。

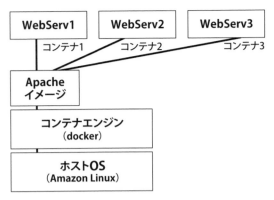

■ **Web**サーバ構築の構成図

(2) 設定手順

　以下が設定手順です。Webサーバを3台起動するのに, 5分もかかりません。

```
### 1. Dockerをインストール
yum -y install docker

### 2. Dockerの起動
systemctl start docker

### 3. Dockerのイメージの取得
docker pull httpd      #httpdのイメージを取得する．サイズは145MBと非常に小さい

### 4. コンテナを作る
docker run -d -p 8000:80 -d --name WebServ1 httpd
docker run -d -p 8001:80 -d --name WebServ2 httpd
docker run -d -p 8002:80 -d --name WebServ3 httpd

### 5. コンテナにログインして簡易ページを作成
# WebServ1のコンテナに接続
docker exec -it WebServ1 /bin/bash
# エディタvimをインストール
apt-get update
apt-get install vim
# 以下がデフォルトのフォルダなので，そのファイルを書き変える
cd /usr/local/apache2/htdocs
```

　では通信テストをしてみましょう。たとえば, http://192.168.0.112:8000 に接続すると, WebServ1に接続され, 作成したページが表示されます。

（3）それぞれのコンテナのIPアドレスを確認

コマンドで，各コンテナに割り当てられたIPアドレスを見てみましょう。

■各コンテナに割り当てられたIPアドレス

```
# docker inspect WebServ1 | grep IPAddress
          "IPAddress": "172.16.0.16",
# docker inspect WebServ2 | grep IPAddress
          "IPAddress": "172.16.0.17",
# docker inspect WebServ3 | grep IPAddress
          "IPAddress": "172.17.0.18",
```

IPアドレスは，コンテナごとに別々であることが確認できます。

また，以下のコマンドで，仮想ルータのIPアドレスやNICのIPアドレスも確認できます。

■仮想ルータのIPアドレスとNICのIPアドレス

```
# ip route
172.17.0.0/16 dev docker0 proto kernel scope link src 172.16.0.1
                仮想ルータのコンテナ側のIPアドレス⤴
172.31.80.0/20 dev eth0 proto kernel scope link src 192.168.0.112
                仮想ルータの外側（コンテナサーバのNIC）のIPアドレス⤴
```

今回のIPアドレス情報を問題文の図3に書き込むと，以下のようになります。

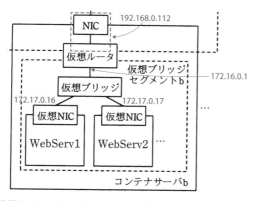

■図3に今回のIPアドレス情報を記載

問題文に以下の記述があります。

> WebAP コンテナは，仮想ルータの上で動作する NAPT 機能と TCP や UDP のポートフォワード機能を利用して，PC や共用 DB サーバなどといった外部のホストと通信する。

ポートフォワードとは，届いたパケットのポート番号を見て，それに対応したコンテナの特定ポートに通信を振り分ける機能です。

逆に，コンテナが外部のホストと通信をする際には，NAPT による IP アドレスとポートの変換を行います。

では，順に見ていきましょう。

（1）外部ホストからコンテナへの通信

先の図と見比べながら読んでください。外部から WebServ1 に接続するには，URL として，http://192.168.0.112:8000 を指定します。同様に，WebServ2 に接続するには，URL として，http://192.168.0.112:8001 を指定します。仮想ルータでは，以下のルールに従って，該当するサーバに通信を振り分けます。

■ポートフォワードの振り分けルール

宛先ポート番号	振り分け先		コンテナ
	宛先 IP アドレス	宛先ポート番号	
8000	172.17.0.16	80	WebServ1
8001	172.17.0.17	80	WebServ2

（2）NAPT

コンテナから外部のサーバへの通信です。NAPT に関しては，皆さんもなじみ深いことでしょう。

ポートフォワードの変換ルールの逆変換みたいなものですか？

　ポートフォワードでは，一つのIPアドレス（192.168.0.112）を二つのIPアドレス（172.17.0.16と172.17.0.17）に割り振りました。NAPTでは，その逆です。二つのIPアドレス（172.17.0.16と172.17.0.17）を一つのIPアドレス（192.168.0.112）に変換します。一見すると，同じ変換テーブルを使って処理を逆にしただけに見えるかもしれません。ですが，NAPTとポートフォワードがもつテーブルは別です。

　コンテナが，Webサーバ（IPアドレスを1.1.1.1とします）と通信するときのNAPTテーブルの例を記載します。ポートフォワードと違って，決められたポートに割り当てるのではなく，（送信元の）ポート番号はランダムです。

▐ NAPTテーブルの例

変換前				変換後			
送信元 IPアドレス	宛先 IPアドレス	送信元 ポート番号	宛先 ポート番号	送信元 IPアドレス	宛先 IPアドレス	送信元 ポート番号	宛先 ポート番号
172.16.0.16	1.1.1.1	5678	443	192.168.0.112	1.1.1.1	9001	443
172.16.0.17	1.1.1.1	6789	443	192.168.0.112	1.1.1.1	9002	443

第2章

過去問解説

令和4年度
午後Ⅰ

データで見る ネットワークスペシャリスト

その1

応募者・合格者・合格率の推移

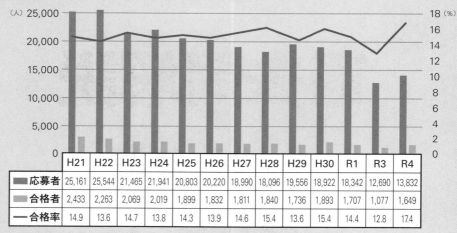

	H21	H22	H23	H24	H25	H26	H27	H28	H29	H30	R1	R3	R4
応募者	25,161	25,544	21,465	21,941	20,803	20,220	18,990	18,096	19,556	18,922	18,342	12,690	13,832
合格者	2,433	2,263	2,069	2,019	1,899	1,832	1,811	1,840	1,736	1,893	1,707	1,077	1,649
合格率	14.9	13.6	14.7	13.8	14.3	13.9	14.6	15.4	13.6	15.4	14.4	12.8	17.4

令和3年度は，新型コロナウイルス感染症の影響を受けてか，応募者がぐっと減ったのですね。

社会人と学生の合格者数・合格率（令和4年度）

	応募者	受験者	合格者	合格率
社会人	13,391人	9,173人	1,585人	17.3%
学生	441人	322人	64人	19.9%

IPA「独立行政法人 情報処理推進機構」発表の「情報処理技術者試験/情報処理安全確保支援士試験 統計資料」より抜粋
https://www.jitec.ipa.go.jp/1_07toukei/r04a_oubo.pdf

学生のほうが，合格率が高いんですね。

令和4年度

午後Ⅰ 問1

問　　題
問題解説
設問解説

問題

問1 ネットワークの更改に関する次の記述を読んで，設問1〜3に答えよ。

〔現状のネットワーク〕

　A社は，精密機械部品を製造する中小企業であり，敷地内に事務所と工場がある。事務所には電子メール（以下，メールという）送受信やビジネス資料作成などのためのOAセグメントと，社外との通信を行うDMZが設置されている。工場には工作機械やセンサを制御するための制御セグメントと，制御サーバと操作端末のアクセスログ（以下，ログデータという）や制御セグメントからの測定データを管理するための管理セグメントが設置されている。

　センサや工作機械を制御するコントローラの通信は制御セグメントに閉じた設計としているので，事務所と工場の間は，ネットワークで接続されていない。また制御セグメントと管理セグメントの間には，制御サーバが設置されているがルーティングは行わない。

　操作端末は，制御サーバを介してコントローラに対し設定値やコマンドを送出する。コントローラは，常に測定データを制御サーバに送信する。制御サーバは，収集した測定データを，1日1回データヒストリアンに送る。データヒストリアンは，ログデータ及び測定データを蓄積する。

　A社ネットワークの構成を，図1に示す。

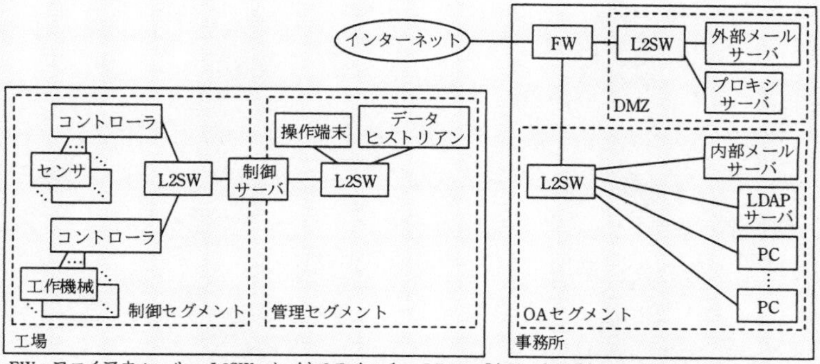

FW：ファイアウォール　L2SW：レイヤ2スイッチ　LDAP：Lightweight Directory Access Protocol

図1　A社ネットワークの構成（抜粋）

第2章

令和4年度

過去問解説

午後Ⅰ

問1

問題

問題解説

設問解説

　ログデータの転送は，イベント通知を転送する標準規格（RFC 5424）
の　　a　　プロトコルを利用している。データヒストリアンに蓄積さ
れた測定データとログデータは，ファイル共有プロトコルで操作端末に共
有され，社員がUSBメモリを用いてOAセグメント内のPCに1週間に1回
複製する。

　制御サーバ，操作端末及びデータヒストリアンのソフトウェア更新は，
必要の都度，OAセグメントのPCでインターネットからダウンロードし
たソフトウェア更新ファイルを，USBメモリを用いて操作端末に複製し
た上で実施される。

　A社の社員は，PCでメールの閲覧やインターネットアクセスを行
う。OAセグメントからインターネットへの通信はDMZ経由としてお
り，DMZには社外とのメールを中継する外部メールサーバと，OAセグメ
ントからインターネットへのWeb通信を中継するプロキシサーバがある。
DMZにはグローバルIPアドレスが，OAセグメントにはプライベートIP
アドレスがそれぞれ用いられている。

　社員のメールボックスをもつ内部メールサーバと，プロキシサーバは，
ユーザ認証のためにLDAPサーバを参照する。プロキシサーバのユーザ認
証には，Base64でエンコードするBasic認証方式と，MD5やSHA-256でハッ
シュ化する　　b　　認証方式があるが，A社では後者の方式を採用し
ている。また，プロキシサーバは，HTTPの　　c　　メソッドでトン
ネリング通信を提供し，トンネリング通信に利用する通信ポートを443に

限定する。

〔ネットワークの更改方針〕

A社では，USBメモリ紛失によるデータ漏えいの防止，測定データのリアルタイムの可視化，及び過去の測定データの蓄積のために，USBメモリの利用を廃止し，工場と事務所をネットワークで接続することにした。A社技術部のBさんが指示された内容を次に示す。

(a) データヒストリアンにあるログデータをPCにファイル送信できるようにする。またPCにダウンロードしたソフトウェア更新ファイルを操作端末にファイル送信できるようにする。

(b) 測定データの統計処理を行い時系列グラフとして可視化するサーバと，長期間の測定データを加工せずそのまま蓄積するサーバをOAセグメントに設置する。

(c) セキュリティ維持のために，工場の制御セグメント及び管理セグメントと，事務所のOAセグメントとの間はルーティングを行わない。

　Bさんは，工場のネットワークを設計したベンダに実現方式を相談した。指示（a）と（c）については，ファイル転送アプライアンス（以下，FTAという）がベンダから提案された。指示（b）と（c）については，ネットワークパケットブローカ（以下，NPBという），可視化サーバ，キャプチャサーバがベンダから提案された。

　Bさんがベンダから提案を受けた，A社ネットワークの構成を，図2に示す。

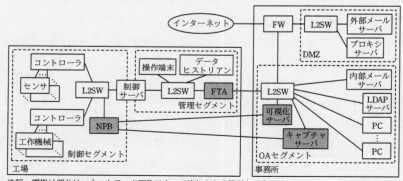

注記　網掛け部分は，ネットワーク更改によって追加される箇所を示す。

図2　ベンダが提案したA社ネットワークの構成（抜粋）

〔管理セグメントとOAセグメント間のファイルの受渡し〕

FTAは，分離された二つのネットワークでルーティングすることなくファイルの受渡しができるアプライアンスである。ファイルの送信者は，①FTAにWebブラウザを使ってログインし，受信者を指定してファイルをアップロードする。ファイルの受信者は，FTAにWebブラウザを使ってログインし，自身が受信者として指定されたファイルだけをダウンロードできる。

FTAの機能を使い，ファイルの受渡しの際に上長承認手続を必須にする。上長への承認依頼，受信者へのファイルアップロード通知は，FTAが自動的にメールを送信して通知する。承認は設定された上長だけが行うことができる。

Bさんが検討したFTAの利用時の流れを，表1に示す。

表1 FTAの利用時の流れ

項番	概要	説明
1	アップロード	送信者は，FTA に HTTPS（HTTP over TLS）でアクセスし，PC 又は操作端末から FTA にファイルをアップロードする。
2	承認依頼	上長宛ての承認依頼メールが，FTA から内部メールサーバに自動送信される。
3	承認	上長は，PC でメールを確認後，FTA に HTTPS でアクセスし，ファイルの中身を確認した上で承認する。
4	ファイルアップロード通知	受信者宛てのファイルアップロード通知メールが，FTA から内部メールサーバに自動送信される。
5	ダウンロード	受信者は，PC でメールを確認後，FTA に HTTPS でアクセスし，ファイルを PC 又は操作端末にダウンロードする。

②指示（c）のとおり，FTAには静的経路や経路制御プロトコルの設定は行わない。③FTAは，認証及び認可に必要な情報について，既存のサーバを参照する。

Bさんは，ベンダからFTAを借りて想定どおりに動作をすることを確認した。

〔測定データの可視化〕

NPBは事前に入力ポート，出力ポートを設定し，入力したパケットを複数の出力ポートに複製する装置である。NPBではフィルタリングを設定して，複製するパケットを絞り込むことができる。可視化サーバは複製

されたパケット（以下，ミラーパケットという）を受信して統計処理を行い，時系列グラフによって可視化をすることができる。キャプチャサーバは大容量のストレージをもち，ミラーパケットをそのまま長期間保存することができ，必要時にファイルに書き出すことができる。

　Bさんは，NPBの動作の詳細についてベンダに確認した。Bさんとベンダの会話を次に示す。

Bさん　：L2SWとNPBの転送方式は，何が違うのですか。

ベンダ：L2SWの転送方式では，受信したイーサネットフレームのヘッダにある送信元MACアドレスとL2SWの入力ポートをMACアドレステーブルに追加します。フレームを転送するときは，宛先MACアドレスがMACアドレステーブルに学習済みかどうかを確認した上で，学習済みの場合には学習されているポートに転送します。宛先MACアドレスが学習されていない場合は　　　d　　　します。

　　　　　これに対してNPBの転送方式では，入力ポートと出力ポートの組合せを事前に定義して通信路を設定します。今回のA社の構成では，一つの入力ポートに対して出力ポートを二つ設定し，パケットの複製を行っています。

　　　　　NPBの入力は，L2SWからのミラーポートと接続する方法と，ネットワークタップと接続する方法の二つがあります。ネットワークタップは，既存の配線にインラインで接続し，パケットをNPBに複製する装置です。今回検討したネットワークタップを使う方法では，送信側，受信側，それぞれの配線でパケットを複製するので，NPBの入力ポートは2ポート必要です。④今回採用する方法では，想定トラフィック量が少ないので既存のL2SWのミラーポートを用います。NPBにつながるケーブルは全て1000BASE-SXです。

　Bさんは，ベンダへの確認結果を基にA社におけるNPBによる測定データの送信について整理した。その内容を次に示す。

・可視化サーバとキャプチャサーバをOAセグメントに設置する。

- コントローラは，更改前と同様に測定データを制御サーバに常時送信する。
- ⑤制御セグメントに設置されているL2SWの特定ポートにミラー設定を行い，L2SWの該当ポートの送信側，受信側，双方のパケットを複製してNPBに送信させる。
- NPBは受信したミラーパケットを必要なパケットだけにフィルタリングした後に再度複製し，⑥可視化サーバとキャプチャサーバに送信する。

　Bさんは，FTA，NPBによるネットワーク接続方式を上司に説明し，承認を得た。

設問1　〔現状のネットワーク〕について，(1)，(2)に答えよ。

　　(1)　本文中の　　a　　～　　c　　に入れる適切な字句を答えよ。

　　(2)　外部からアクセスできるサーバをFWによって独立したDMZに設置すると，OAセグメントに設置するのに比べて，どのようなセキュリティリスクが軽減されるか。40字以内で答えよ。

設問2　〔管理セグメントとOAセグメント間のファイルの受渡し〕について，(1)～(3)に答えよ。

　　(1)　本文中の下線①について，利用者の認証を既存のサーバで一元的に管理する場合，どのサーバから認証情報を取得するのが良いか。図2中の字句を用いて答えよ。

　　(2)　本文中の下線②について，FTAにアクセスできるのはどのセグメントか。図2中の字句を用いて全て答えよ。

　　(3)　本文中の下線③について，FTAにおいて認証と認可はそれぞれ何をするために使われるか。違いが分かるようにそれぞれ25字以内で述べよ。

設問3　〔測定データの可視化〕について，(1)～(5)に答えよ。

　　(1)　本文中の　　d　　に入れる適切な字句を答えよ。

(2) 本文中の下線④について，L2SWからミラーパケットでNPBに
データを入力する場合，ネットワークタップを用いてNPBにデー
タを入力する方式と比べて，性能面でどのような制約が生じるか。
40字以内で述べよ。

(3) 本文中の下線⑤について，1ポートだけからミラーパケットを取
得する設定にする場合には，どの装置が接続されているポートか
らミラーパケットを取得するように設定する必要があるか。図2
中の字句を用いて答えよ。

(4) 本文中の下線⑥について，サーバでミラーパケットを受信するた
めにはサーバのインタフェースを何というモードに設定する必要
があるか答えよ。また，このモードを設定することによって，設
定しない場合と比べどのようなフレームを受信できるようになる
か。30字以内で答えよ。

(5) キャプチャサーバに流れるミラーパケットが平均100kビット／
秒であるとき，1,000日間のミラーパケットを保存するのに必要
なディスク容量は何Gバイトになるか。ここで，1kビット／秒
は10^3ビット／秒，1Gバイトは10^9バイトとする。ミラーパケッ
トは無圧縮で保存するものとし，ミラーパケット以外のメタデー
タの大きさは無視するものとする。

第2章
過去問解説
令和4年度
午後I
問1
問題
問題解説
設問解説

「ITシステムとOT（Operational Technology）システムの接続を題材に，認証，認可及びパケット転送」に関する出題です。**OTネットワークやファイル転送アプライアンスなど，これまでにあまり出題されなかった内容が中心な**ので，問題文を理解することがやや難しい問題でした。ですが，設問は標準的な内容で，採点講評には「全体として正答率は平均的であった」とあります。

問1　ネットワークの更改に関する次の記述を読んで，設問1～3に答えよ。

〔現状のネットワーク〕

　A社は，精密機械部品を製造する中小企業であり，敷地内に事務所と工場がある。

この問題は，工場におけるネットワークに関する問題です。

ここからは，図1のネットワーク構成図と対比させて読み進めていくために，問題文と図1に番号を振りました。次ページの図を見ながら一つひとつ丁寧に見ていきましょう。

事務所には電子メール（以下，メールという）送受信やビジネス資料作成などのためのOAセグメント（次ページ図❶）と，社外との通信を行うDMZ（❷）が設置されている。

OA（Office Automation）とは，事務所（オフィス）でのコンピュータを使った作業のことです。ただ，今では事務所でコンピュータを使う作業は当たり前になりすぎて，OAと呼ぶことは減りました。本問では，工場と事務所のネットワークを分けており，両者を区別するために「OAセグメント」という名称にしたのでしょう。なお，PCを中心としたシステムであるOAに対し，工場でのシステムをFA（Factory Automation）と呼びます。今回，図1における「工場」のシステムがFAと考えてもいいでしょう。

工場には工作機械（❸）やセンサ（❹）を制御するための制御セグメント（❺）と，制御サーバ（❻）と操作端末（❼）のアクセスログ（以下，ログデータという）や制御セグメントからの測定データを管理するための管理セグ

メント（**8**）が設置されている。

FAは一般に，工作機械の制御を行うシステムと，生産管理を行うシステムの二つに分類できます。本問でも，工場のネットワークは，制御セグメント（工作機械を制御するネットワーク），と管理セグメント（生産を管理するネットワーク）に分かれています。

工作機械とは，精密機械部品を製造するための装置です。部品の設計図を元に，制御サーバからコントローラ経由で工作機械を制御して部品を製造します。センサは，たとえば部品を運ぶベルトコンベアの位置を把握したり，温度や湿度などを測定したりします。

センサ（**4**）や工作機械を制御するコントローラ（**9**）の通信は制御セグメント（**5**）に閉じた設計としているので，事務所と工場の間は，ネットワークで接続されていない。また制御セグメント（**5**）と管理セグメント（**8**）の間には，制御サーバが設置されているがルーティングは行わない。

この内容を，このあとの図を使って解説します。

記載された内容を整理すると，以下の3点になります。

（a）コントローラの通信は制御セグメントに閉じている。

（b）事務所と工場の間はネットワークが接続されていない。

（c）制御セグメントと管理セグメントの間はルーティングしない。

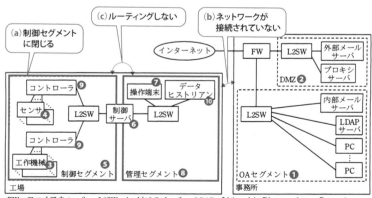

FW：ファイアウォール　　L2SW：レイヤ2スイッチ　　LDAP：Lightweight Directory Access Protocol

■問題文の内容を図1で確認

ルーティングしないということは，制御セグメントと
管理セグメント間の通信はできないのですか？

　はい，直接はできません。例が適切かはわかりませんが，制御サーバは通訳みたいな役割です。「日本人 ⇔ 通訳 ⇔ アメリカ人」という関係において，日本人とアメリカ人が会話を直接することはありません。しかし，日本人が通訳に伝えて，通訳がアメリカ人に伝えることで，両者が間接的に通話をすることができます。

面倒な仕組みですね。ルーティングを許可して，
相互に通信をしてはダメですか？

　このような仕組みにしたのは，セキュリティを確保するためです。制御用の機器（たとえばコントローラ）は10年以上など長期間使われることも多く，サポートが終了したOSを使ったりすることがあります。このような機器は，マルウェアに感染したり，外部から侵入・攻撃されるリスクがあります。そこで，今回のように他のネットワークと分離して，セキュリティリスクを低減します。

　次からの内容は，問題文とそのあとの図に（d）〜（f）の印をつけました。

　操作端末（❼1は，制御サーバ（❻）を介してコントローラ（❾）に対し設定値やコマンドを送出する（次ページ図（d））。コントローラ（❾）は，常に測定データを制御サーバ（❻）に送信する（図（e））。制御サーバは，収集した測定データを，1日1回データヒストリアン（❿）に送る（図（f））。データヒストリアンは，ログデータ及び測定データを蓄積する。

この内容を，次ページの図で確認してください。

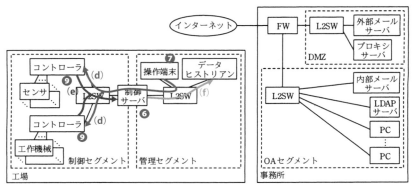

FW：ファイアウォール　　L2SW：レイヤ2スイッチ　　LDAP：Lightweight Directory Access Protocol

■問題文の内容を図1で確認

> そもそもですが，データヒストリアンってなんですか？
> 人の名前みたいです。

　「ヒストリアン」とは歴史家とか歴史学者という意味です。データヒストリアンは，データを時系列に記録・蓄積する**システム**です。本問では，データを蓄積するサーバと理解してください。

　また，設問には関係ないですが，「測定データ」について補足します。測定データの活用によって，生産を効率化したり，不良品が発生する原因を調べるなどの改善活動ができます。最近ではDX（デジタルトランスフォーメーション）として，デジタルやデータの活用で業務を効率化したり，新しいビジネスを生み出すことが流行っています。

> 　A社<u>ネットワークの構成</u>を，図1に示す。

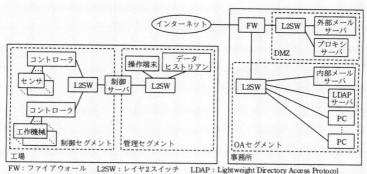

FW：ファイアウォール　　L2SW：レイヤ2スイッチ　　LDAP：Lightweight Directory Access Protocol

図1　A社ネットワークの構成（抜粋）

第2章
令和4年度
過去問解説
午後Ⅰ
問1
問題
問題解説
設問解説

　すでにこの図1を掲載していますが，改めてネットワーク構成を確認しましょう。

　繰り返しになりますが，A社ネットワークは，工場と事務所が完全に切り離されています。また，工場内の二つのセグメント（制御セグメントと管理セグメント）が制御サーバによって接続されています。一方，事務所のネットワークはFWで三つのセグメント（インターネット，DMZ，OAセグメント）に分割する一般的な構成です。

　　ログデータの転送は，イベント通知を転送する標準規格（RFC 5424）の　　　a　　　プロトコルを利用している。

　空欄aには，ログデータの転送を行うプロトコル名が入ります。設問1（1）で解説します。

　データヒストリアンに蓄積された測定データとログデータは，ファイル共有プロトコルで操作端末に共有され，社員がUSBメモリを用いてOAセグメント内のPCに1週間に1回複製する。

　ファイル共有プロトコルとは，Windowsで使われるCIFSや，Linuxで使われるNFSです。端末にはWindowsを使うことが多いので，おそらくCIFSを使っていると考えられます。

測定データの複製方法も面倒に感じます。
これもセキュリティのためでしょうか?

　はい，工場のネットワークをインターネットから切り離すことが目的です。工場のネットワークがインターネットに接続されていると，遠隔操作されてしまったり，マルウェアに感染して工場の製造がストップしたり，CADなどの設計データが漏えいするリスクがあるからです。

　しかし，ネットワークを切り離すことのデメリットとして，USBメモリでOAセグメントのPCにデータを共有せざるを得ません。手間もかかりますし，データをリアルタイムで解析することもできません。

　制御サーバ，操作端末及びデータヒストリアンのソフトウェア更新は，必要の都度，OAセグメントのPCでインターネットからダウンロードしたソフトウェア更新ファイルを，USBメモリを用いて操作端末に複製した上で実施される。

ソフトウェア更新も USB メモリですか。本当に面倒ですね。

　確かに面倒です。これも，工場のネットワークがインターネットから切り離されていることが原因です。そこで，ファイルの受け渡し方法がこのあと改善されます。

　A社の社員は，PCでメールの閲覧やインターネットアクセスを行う。OAセグメントからインターネットへの通信はDMZ経由としており，DMZには社外とのメールを中継する外部メールサーバと，OAセグメントからインターネットへのWeb通信を中継するプロキシサーバがある。

　メールの閲覧とインターネットアクセスの経路を理解しておきましょう。

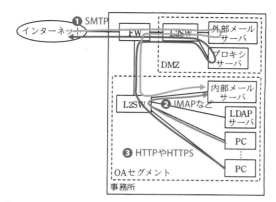

■メールの閲覧とインターネットアクセスの経路

第2章

令和4年度

過去問解説

午後Ⅰ

問1

問題

問題解説

設問解説

①メールの閲覧

　社外からのメールは，SMTPプロトコルで外部メールサーバを経由して，内部メールサーバに送られます（上図❶）。PCは，IMAP4などのプロトコルで内部メールサーバにメールを取りに行きます（❷）。

②インターネットアクセス

　PCはプロキシサーバを経由して，HTTPやHTTPSプロトコルでインターネットにアクセスします（❸）。

　インターネットと直接通信するホストはすべてDMZに設置されています。OAセグメントのホスト（PCやサーバ）は直接インターネットと通信できず，DMZのサーバを経由します。このような設計にすることで，セキュリティリスクが軽減できます。軽減できるセキュリティリスクは何かが，設問1（2）で問われます。

　DMZにはグローバルIPアドレスが，OAセグメントにはプライベートIPアドレスがそれぞれ用いられている。

　では，ここで，A社のネットワークのIPアドレス設計をしてみましょう。

Q. A社のネットワーク構成のアドレス設計をせよ。A社がもつグローバルIPアドレスは203.0.113.0/24とし、プライベートアドレスは自由に設計してよい。制御サーバにもIPアドレスを付与すること。

コントローラやセンサには、IPアドレスを割り当てるのでしょうか？

コントローラにはIPアドレスを割り当てますが、センサには割り当てません。センサはTCP/IPではない制御用の信号などで通信するからです。センサと接続するケーブルも、LANケーブルではない専用のケーブルです。コントローラでは、センサからの（IPではない）情報を、IPに変換します。

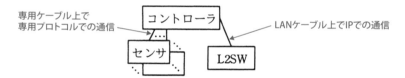

専用ケーブル上で
専用プロトコルでの通信

LANケーブル上でIPでの通信

A. IPアドレス設計はFWを中心に考えましょう。インターネットとの接続インタフェースに203.0.113.1/29を割り当て、DMZのインタフェースには203.0.113.254/25を、OAセグメントのインタフェースには192.168.0.254/24を割り当てます。

また、工場と事務所はつながっていないので、両セグメントに同じIPアドレスを割り当てることができます。しかし、同じIPアドレスのホストが複数存在すると管理が複雑になるので、異なるネットワークアドレスを割り当てます。具体的には、工場セグメントに10.0.0.0/24、管理セグメントに172.16.0.0/24を割り当てます。

制御サーバはインタフェースを二つもち、それぞれに別のIPアドレスを付与します。制御セグメントと管理セグメントの両方に接続するためです。

図にすると、次ページのようになります。

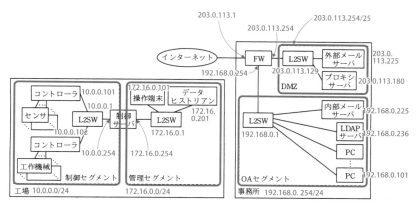

■A社のネットワーク構成のアドレス設計

もちろん，上記の設計は一例で，他にもさまざまな設計が考えられます。

> コントローラや操作端末のデフォルトゲートウェイは，
> 何を指定しますか？

デフォルトゲートウェイは指定しません。制御サーバをデフォルトゲートウェイとして設定しても不都合はありませんが，設定する意味はありません。通信は制御セグメント内に閉じているからです。

社員のメールボックスをもつ内部メールサーバと，プロキシサーバは，ユーザ認証のためにLDAPサーバを参照する。

> あれ？ 内部メールサーバってユーザ認証していましたか？

はい，メール設定にて，ユーザ名（またはメールアドレス）とパスワードを設定します。次ページに示すのは，メールクライアントであるThunderBirdの設定画面とパスワード入力画面です。ユーザ名やパスワードの設定画面があることが確認できます。

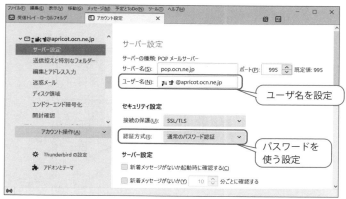

■ThunderBird の設定画面

ThunderBird の場合，初めてメールサーバに接続した際に，パスワードを
入力するポップアップ画面が表示されます（下図）。

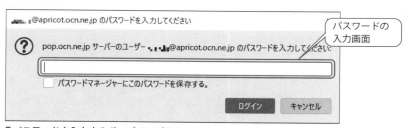

■パスワードを入力するポップアップ画面

今回は，このユーザ情報（ユーザ名やパスワード）をメールサーバ（やプ
ロキシサーバ）で管理せず，LDAP サーバで一元管理します。システム管理
者にとってはユーザアカウントのメンテナンス（追加，変更，削除）が楽に
なります。ユーザにとっても，メールサーバとプロキシサーバでそれぞれユー
ザ情報を設定する必要がないので便利です。

LDAP サーバの代わりに，RADIUS サーバや
AD（Active Directory）サーバでもいいですか？

メールサーバやプロキシサーバが，Radius や AD の認証プロトコルに対応

していれば問題ありません。

> プロキシサーバのユーザ認証には，Base64でエンコードするBasic認証方式と，MD5やSHA-256でハッシュ化する [b] 認証方式があるが，A社では後者の方式を採用している。

プロキシサーバで認証設定をしたときの動作を説明します。ユーザがインターネット接続のためにブラウザを立ち上げると，以下のような認証画面が表示されます。

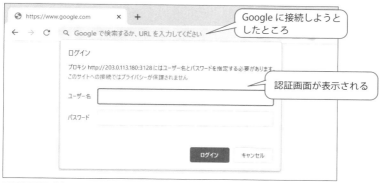

■認証画面が表示される

ここで正しいユーザ名とパスワードを入力すると，インターネット上のWebサイトを見ることができます。

このときプロキシサーバでは，認証方式として以下の二つを選択できます。

■プロキシサーバのユーザ認証

認証方式	ユーザ名とPasswordの変換	第三者によるデータ復号
Basic認証方式	Base64でエンコード	○（簡単にできる）
[b] 認証方式	MD5やSHA-256でハッシュ化（つまり暗号化）	×（基本的にはできない）

Basic認証では，Base64でエンコードします。エンコードとは，文字を決まったルールに変換することです。たとえば，HTTPヘッダの中では日本語が使えません。そこで，「あいう」→「44GC44GE44GG」などと文字を変換

（＝エンコード）することで，HTTPヘッダの中で日本語を扱えるようにします。このように，決まったルールで文字を置換しているだけなので，元の文字に戻すことも簡単です。

空欄bの正解および認証方式の違いについては，設問1（1）で解説します。

また，プロキシサーバは，HTTPの　　c　　メソッドでトンネリング通信を提供し，トンネリング通信に利用する通信ポートを443に限定する。

難しいことを言いますね……

この点は，設問1（1）で解説します。

〔ネットワークの更改方針〕
　A社では，USBメモリ紛失によるデータ漏えいの防止，測定データのリアルタイムの可視化，及び過去の測定データの蓄積のために，USBメモリの利用を廃止し，工場と事務所をネットワークで接続することにした。A社技術部のBさんが指示された内容を次に示す。

「リアルタイムの可視化」とあるように，今のような「1日1回」「1週間に1回複製」という現状を改善します。

「USBメモリの利用を廃止する」ことと，「過去の測定データの蓄積」はどう関係がありますか？

そこは関係ありません。日本語のつながりがわかりづらいので，以下に整理します。

目的	更改方針
USBメモリ紛失によるデータ漏えいの防止	USBメモリの廃止
測定データのリアルタイム可視化	工場と事務所をネットワークで接続
過去の測定データの蓄積	

三つ目の目的について補足します。

これまではUSBメモリを用いて手作業でPCにデータを移動し，蓄積をしていませんでした。更改後は，ストレージ付きのキャプチャサーバを導入し，ネットワークをつないで過去のデータも蓄積します。

(a) データヒストリアンにあるログデータをPCにファイル送信できるようにする。またPCにダウンロードしたソフトウェア更新ファイルを操作端末にファイル送信できるようにする。

工場と事務所間を接続するのですね。

はい。ただ，セキュリティを確保するために，工場と事務所のネットワークはルーティングをさせません。これまでの工場内と同様です。その代わり，工場と事務所の間でファイル転送するための機器（FTA）を導入します。

(b) 測定データの統計処理を行い時系列グラフとして可視化するサーバと，長期間の測定データを加工せずそのまま蓄積するサーバをOAセグメントに設置する。

何のためのサーバでしょうか？
データヒストリアンと役割がかぶってませんか？

この点もわかりにくいので，次に整理します。まず，どんなデータがあるかですが，次の二つのデータがあります。その下の図と照らし合わせて見てください。

	データの種類	内容
❶	ログデータ	制御サーバと操作端末のアクセスログ
❷	測定データ	コントローラから制御サーバに常時送信する測定データ

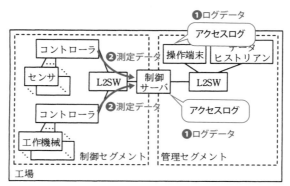

■ログデータと測定データ

　続いて，サーバごとに，管理するデータとその役割を整理します。

■サーバが管理するデータとその役割

サーバ	管理するデータ		役割	データの転送
	ログデータ	測定データ		
データヒストリアン	○	○	ログデータおよび測定データを蓄積	制御サーバから1日1回転送。OSセグメントのPCには，1週間に1回の複製
可視化サーバ （可視化するサーバ）	×	○	測定データの統計処理を行い，時系列グラフとして可視化	NPBからリアルタイムで転送
キャプチャサーバ （蓄積するサーバ）	×	○	長期間の測定データを加工せずそのまま蓄積	

　データヒストリアンには可視化の機能はありません。また，データヒストリアンにはデータが1日に1回しか送られず，OSセグメントのPCには1週間に1回の複製ですから，リアルタイム性がありません。そこで，統計処理の可視化やリアルタイム性を確保するために新たに可視化サーバを設置します。

また、キャプチャサーバはデータを長期間保存するために設置します。ただし、「ログデータ」はデータヒストリアンにしか蓄積されないので、このサーバも残します。

(c) セキュリティ維持のために、工場の制御セグメント及び管理セグメントと、事務所のOAセグメントとの間は<mark>ルーティングを行わない</mark>。

何を言っているのか、図2で確認しましょう。
以下のように、各セグメントの間ではルーティングが行われません。

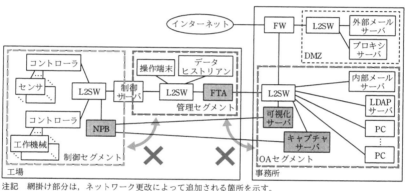

注記　網掛け部分は、ネットワーク更改によって追加される箇所を示す。

■ 各セグメントの間ではルーティングは行わない

> 左側の制御サーバで実施していたことを、右側の管理セグメントとOAセグメントでも行うのですね。

そうです。ただ、FTAは、制御サーバに比べて転送に関する部分が高機能です。ここからFTAについて詳しい説明があります。

　Bさんは、工場のネットワークを設計したベンダに実現方式を相談した。指示（a）と（c）については、<mark>ファイル転送アプライアンス（以下、FTAという）</mark>がベンダから提案された。指示（b）と（c）については、ネット

ワークパケットブローカ（以下，NPBという），可視化サーバ，キャプチャサーバがベンダから提案された。

FTA も NPB も初耳です。

FTAやNPBに関しては，問題文で詳しい説明があります。知識がなくても問題文をしっかり読めば解けるようになっているので頑張りましょう。

ちなみに，FTAの具体的な製品としてソリトンシステムズ社のFileZen，NPBはKeysight Technologies社（旧IXIA社）のVisionシリーズがあります。

Bさんがベンダから提案を受けた，A社ネットワークの構成を，図2に示す。

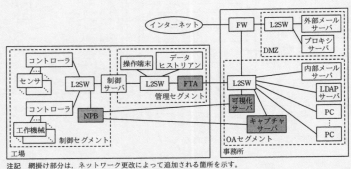

注記　網掛け部分は，ネットワーク更改によって追加される箇所を示す。

図2　ベンダが提案したA社ネットワークの構成（抜粋）

図1からの変更点は，網掛けで示された機器（NPB, FTA, 可視化サーバ，キャプチャサーバ）が追加された点です。その他の機器や接続方法の変更はありません。

可視化サーバやキャプチャサーバはインタフェースが二つあります。OA セグメント側と制御セグメント側の二つの IP アドレスをもちますか？

いえ，IPアドレスをもつのはOAセグメント側のインタフェースだけです。NPBに接続するインタフェースは，パケットキャプチャ専用です。データをL2レベルで受け取るだけなので，L3レベルのIPアドレスは不要です。このインタフェースには，特別なモードを設定してNPBからのフレームを取り込むのですが，モードの名称が設問3（4）で問われます。

　NPBも，L2で処理する装置なのでIPアドレス設定は不要です。ただし，もしかしたら設定や管理用にIPアドレスを付与するかもしれません。

〔管理セグメントとOAセグメント間のファイルの受渡し〕
　FTAは，分離された二つのネットワークでルーティングすることなくファイルの受渡しができるアプライアンスである。

「分離された二つのネットワーク」とは，OAセグメントと管理セグメントです。FTAはこの両セグメントの間に設置されます。

　ファイルの送信者は，①FTAにWebブラウザを使ってログインし，受信者を指定してファイルをアップロード（表1の項番1）する。ファイルの受信者は，FTAにWebブラウザを使ってログインし，自身が受信者として指定されたファイルだけをダウンロードできる（表1の項番5）。

　FTAを使ったファイルの受け渡し方が示されています。（a）の「PCにダウンロードしたソフトウェア更新ファイルを操作端末にファイル送信」を例にすると，次ページの図のような流れになります。

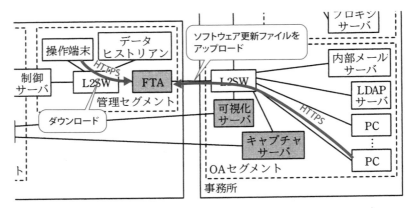

■FTAを使ったファイルの受け渡し方

　FTAの機能を使い，ファイルの受渡しの際に上長承認手続を必須にする。上長への承認依頼，受信者へのファイルアップロード通知は，FTAが自動的にメールを送信して通知する。承認は設定された上長だけが行うことができる。

　ウイルス感染の疑いがあるファイルを誤ってアップロードしている可能性があります。その場合，ウイルスが工場内に広がってしまいます。そういうミスをチェックする観点で，上長承認を行っているようです。皆さんの企業でも，メールを添付する際に上長承認が必要な場合があると思いますが，それと同様です。

　Bさんが検討したFTAの利用時の流れを，表1に示す。

表1　FTA の利用時の流れ

項番	概要	説明
1	アップロード	送信者は，FTA に HTTPS（HTTP over TLS）でアクセスし，PC 又は操作端末から FTA にファイルをアップロードする。
2	承認依頼	上長宛ての承認依頼メールが，FTA から内部メールサーバに自動送信される。
3	承認	上長は，PC でメールを確認後，FTA に HTTPS でアクセスし，ファイルの中身を確認した上で承認する。
4	ファイルアップロード通知	受信者宛てのファイルアップロード通知メールが，FTA から内部メールサーバに自動送信される。
5	ダウンロード	受信者は，PC でメールを確認後，FTA に HTTPS でアクセスし，ファイルを PC 又は操作端末にダウンロードする。

FTAの利用時の流れが表に整理されています。読むのが面倒ですが，難しいことは書いてありません。ひととおり内容を確認してください。

たしかにそれほど難しい内容はありません。
押さえておくべき点はありますか？

FTAで行えることは，項番1の「アップロード」，項番5の「ダウンロード」，項番3の「承認」の三つです。そして，問題文に「承認は設定された上長だけが行うことができる」とあったように，項番3の承認が行えるのは，特別な権限をもった人だけです。なので，ユーザごとに権限を割り当てる必要があります。この点は，設問2（3）に関連します。

項番5で，受信者がメールを確認したあとにFTAにアクセスしますが，ログインは必要ですか？

問題文に記載がないので判断できません。ただ，情報漏洩を防ぐ観点から，受信者もログイン認証をしたほうがよいでしょう。

　　②指示（c）のとおり，FTAには静的経路や経路制御プロトコルの設定は行わない。③FTAは，認証及び認可に必要な情報について，既存のサーバを参照する。
　　Bさんは，ベンダからFTAを借りて想定どおりに動作をすることを確認した。

下線②については設問2（2），下線③については，設問2（3）で解説します。ここまでの問題文で，設問2を解くことができます。

〔測定データの可視化〕
　NPBは事前に入力ポート，出力ポートを設定し，入力したパケットを複数の出力ポートに複製する装置である。NPBではフィルタリングを設定して，複製するパケットを絞り込むことができる。

ここからは，NPBによるパケットの複製です。

> NPBの動作って，L2スイッチでミラーリングしている
> のと同じですか？

おおむねその理解で合っていますが，ミラーリングより複雑なことができます。たとえば，問題文にあるように，特定の条件でパケットを絞り込むことができます。

可視化サーバは複製されたパケット（以下，ミラーパケットという）を受信して統計処理を行い，時系列グラフによって可視化をすることができる。キャプチャサーバは大容量のストレージをもち，ミラーパケットをそのまま長期間保存することができ，必要時にファイルに書き出すことができる。

〔ネットワークの更改方針〕の（b）の内容のとおり，可視化サーバとキャプチャサーバを導入します。

　Bさんは，NPBの動作の詳細についてベンダに確認した。Bさんとベンダの会話を次に示す。

Bさん：L2SWとNPBの転送方式は，何が違うのですか。
ベンダ：L2SWの転送方式では，受信したイーサネットフレームのヘッダにある送信元MACアドレスとL2SWの入力ポートをMACアドレステーブルに追加します。

「L2SWの転送方式」とありますが，単なるL2SWの基本的な動作の説明です。さて，ベンダは何のことを説明しているのでしょうか？

> 「MACアドレステーブルに追加」とあるので，
> MACアドレステーブルの学習だと思います。

はい，そうです。このあとも，L2SWのMACアドレステーブルによる動作の説明が続きます。

フレームを転送するときは，宛先MACアドレスがMACアドレステーブルに学習済みかどうかを確認した上で，学習済みの場合には学習されているポートに転送します。宛先MACアドレスが学習されていない場合は　　d　　します。

空欄dは，L2SWにおけるフレームの転送方法に関するキーワードが入ります。設問3（1）で解説します。

これに対してNPBの転送方式では，入力ポートと出力ポートの組合せを事前に定義して通信路を設定します。今回のA社の構成では，一つの入力ポートに対して出力ポートを二つ設定し，パケットの複製を行っています。

ここで記載されたNPBの動作を，以下の図で説明します。

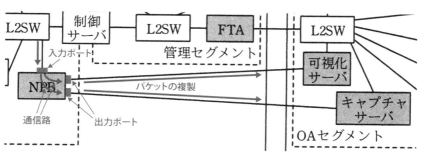

NPBの動作

結局，L2SWとNPBの転送方式は，何が違うのですか？

Bさんの質問に，ベンダが明確に答えていませんね。

両者の違いですが，L2SWは，MACアドレスの学習をして，該当のポートにだけパケットを転送します（または　　d　　の処理）。一方，NPBはそのようなことをせず，設定した通信路に対して，すべての出力ポートから出力します。

NPBの入力は，**L2SWからのミラーポートと接続する方法**と，**ネットワークタップと接続する方法**の二つがあります。ネットワークタップは，既存の配線にインラインで接続し，パケットをNPBに複製する装置です。今回検討したネットワークタップを使う方法では，送信側，受信側，それぞれの配線でパケットを複製するので，NPBの入力ポートは2ポート必要です。

二つの方法のうち，ネットワークタップを使う方式について記載があります。

L2SWで実現できるのに，ネットワークタップをわざわざ導入するメリットあります？

ネットワークタップを使うメリットは，1本のLANケーブルを流れる2方向のパケット（送信パケットと受信パケット）を，**それぞれ取り出せる**ことです。その代わり，送信と受信に分けて2本にしてNPBに送るので，NPB側の入力ポートも2ポート必要です。

次の図で説明します。ネットワークタップは，基本は4ポート構成です。ポートA，Bは実際の通信に利用するので，L2SWや制御サーバと接続します。ポートC，DはパケットをNPBに出力するのでNPBに接続します。

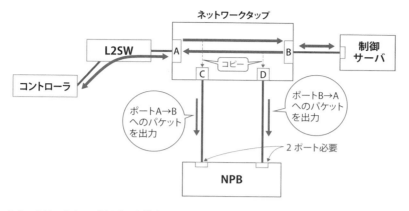

ネットワークタップ

L2SW

コントローラ

制御
サーバ

コピー

ポートA→B
へのパケット
を出力

ポートB→A
へのパケット
を出力

2ポート必要

NPB

■ネットワークタップは4ポート構成

ここにあるように，ポートA→Bへの通信をポートCから出力し，ポート
B→Aへの通信をポートDから出力します。

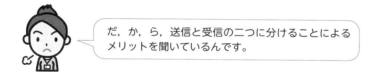

だ，か，ら，送信と受信の二つに分けることによる
メリットを聞いているんです。

たしかに，パケットキャプチャソフトで，送信パケットと受信パケットの
判断が付きます。なのに，なぜ分けるか？　という質問ですね。それは，送
信パケットと受信パケットを分けずに1ポートだけで送る場合，すべてのパ
ケットをNPBに届けられない可能性があるのです。

なぜ？

設問3（2）で解説します。

　④今回採用する方法では，想定トラフィック量が少ないので既存のL2SW
のミラーポートを用います。NPBにつながるケーブルは全て1000BASE-
SXです。

1000BASE-SXは，1000Mbps（つまり1Gbps）のマルチモード光ファイバーを使ったケーブルを意味します。

これまでケーブルの種類は記載されなかったのに，唐突感があります。

ですよね。この一文は，下線④および設問3（2）に関連します。詳しくは設問で解説します。

> Bさんは，ベンダへの確認結果を基にA社におけるNPBによる測定データの送信について整理した。その内容を次に示す。
> ・可視化サーバとキャプチャサーバをOAセグメントに設置する。

この内容って，図2からさらに変更していますか？

いえ，図2のままです。

> ・コントローラは，更改前と同様に測定データを制御サーバに常時送信する。

p.60の図で説明しましたように，複数のコントローラが制御サーバに測定データを送信します。

> ・⑤制御セグメントに設置されているL2SWの特定ポートにミラー設定を行い，L2SWの該当ポートの送信側，受信側，双方のパケットを複製してNPBに送信させる。

下線⑤に関しては，設問3（3）で解説します。

> ・NPBは受信したミラーパケットを必要なパケットだけにフィルタリン

グした後に再度複製し，⑥可視化サーバとキャプチャサーバに送信する。

　Bさんは，FTA，NPBによるネットワーク接続方式を上司に説明し，承認を得た。

> 必要なパケットとありますが，逆に不要なパケットってどんなのがありますか？

　たとえばARPです。他にも，DHCPなどのフレームがあると思います。皆さんもWiresharkを立ち上げてパケットを観察してみるといいと思います。どこにも通信しなくても，いろいろなパケットが流れています。これらは可視化サーバなどに送る必要はありません。

　また，「再度複製」という字句ですが，あまり気にすることはありません。L2SWのミラー設定で一度複製されたフレームを，NPBでも複製するので「再度」としているだけです。

　下線⑥は，設問3（4）で解説します。

　問題文の解説はここまでです。おつかれさまでした。

第2章
過去問解説
令和4年度
午後Ⅰ
問1
問題
問題解説
設問解説

設問の解説

設問1 〔現状のネットワーク〕について，(1)，(2)に答えよ。
(1) 本文中の [a] ～ [c] に入れる適切な字句を答えよ。

空欄a

問題文から空欄aの箇所を再掲します。

> ログデータの転送は，イベント通知を転送する標準規格（RFC 5424）の [a] プロトコルを利用している。

ログデータの転送に使われるプロトコルはSyslogです。サーバやクライアントのログ情報を，Syslogサーバ（本問の場合，データヒストリアン）にポート番号514で送信します。TCPも利用できますが，基本はUDPです。

解答	Syslog

空欄b

問題文から空欄bの箇所を再掲します。

> プロキシサーバのユーザ認証には，Base64でエンコードするBasic認証方式と，MD5やSHA-256でハッシュ化する [b] 認証方式があるが，A社では後者の方式を採用している。

これは知識問題でした。空欄bには「ダイジェスト」が入ります。

解答	ダイジェスト

問題文でも説明しましたが，両者の認証方式の違いを詳しく解説します。次ページに，二つの認証方式を再掲します。

■プロキシサーバのユーザ認証

認証方式	ユーザ名とPasswordの変換	第三者によるデータ復号
Basic認証方式	Base64でエンコード	○（簡単にできる）
b：ダイジェスト 認証方式	MD5やSHA-256でハッシュ化（つまり暗号化）	×（基本的にはできない）

　では，「Hello」「はろー」「password」などの文字を，Base64でのエンコード処理とMD5でのハッシュ化処理をしてみましょう。

■Base64によるエンコード処理と，MD5によるハッシュ化処理

元データ	Base64	MD5でハッシュ化
Hello	SGVsbG8=	8b1a9953c4611296a827abf8c47804d7
はろー	44Gv44KN44O8	8378ace398b9ad189b596c7ef70c1e17
password	cGFzc3dvcmQ=	5f4dcc3b5aa765d61d8327deb882cf99

　Base64では，すべてのデータ（英数記号，漢字，カタカナ，文字ではない画像データなど）を，たった64個の文字（a～z，A～Z，0～9，+，/）と，穴埋めに使う "=" の合計65種類の文字で表します。

基本的にはアルファベットと数字に変換するということですね？

　はい。Base64でエンコードする理由は，HTTPヘッダで扱えない日本語などの文字を，HTTPヘッダで扱えるアルファベットなどに変換して送るためです。

　ただし，エンコードはルールに従って文字を置き換えているだけなので，暗号化ではありません。盗聴されるとユーザ名とパスワードを簡単に復元できてしまいます。

　一方，ダイジェスト認証方式の場合は，ハッシュ関数を用います。ハッシュ関数は一方向性（不可逆性）がありますから，ハッシュ値から元の値に戻すことはできません。盗聴による情報漏えいを防ぐために，ダイジェスト認証方式の利用が推奨されます。

問題文から空欄cの箇所を再掲します。

> プロキシサーバは，HTTPの c メソッドでトンネリング通信を
> 提供し，トンネリング通信に利用する通信ポートを443に限定する。

内容はよくわかっていませんが，「プロキシサーバ」
「HTTP」「メソッド」で答えがわかりました。

　CONNECTメソッドはH30年度の午後Ⅰ問1や，それ以前にも何度か問わ
れた頻出問題です。確実に正解したい問題です。

解答 CONNECT

　では，問題文の記述を補足します。まずは「プロキシサーバは，HTTPの
 c メソッドでトンネリング通信を提供」の部分です。
　プロキシサーバは，HTTPの通信を中継し，PC（Webブラウザ）の代理と
してWebサーバに要求を送信します。しかし，HTTPS通信の場合にはPCと
Webサーバの間は暗号化されています。暗号化の鍵はPCとWebサーバし
かもっておらず，プロキシサーバでは通信を中継できません。そこでPCは
プロキシサーバに対し，HTTPSのセッションを中継せず，暗号化通信をそ
のまま透過させるように依頼します。この通信がトンネリング通信で，この
ときに利用するメソッドがCONNECTです。

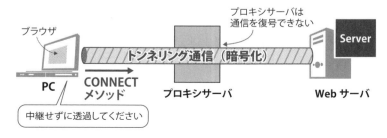

■CONNECTメソッド

続いて，「トンネリング通信に利用する通信ポートを443に限定する」の
部分です。

　セキュリティを高める視点からCONNECTメソッドを利用できるポート
番号を443だけに限定します。情報処理安全確保支援士試験（H30年度春期
午後Ⅰ問2）にて，CONNECTメソッドを悪用し，セキュリティチェックを
くぐり抜ける内容が出題されました。ただ，内容的には支援士試験の範囲で
すので，参考解説にて述べます。興味ある方はぜひ読んでください。

第2章
令和4年度 午後Ⅰ
過去問解説
問1
問題
問題解説
設問解説

参考　CONNECT メソッドのポートを制限する理由

　CONNECTメソッドによるトンネリング通信は，443番ポートのHTTPSに
限ったものではありません。どのポート（やプロトコル）でも可能です。
　しかし，このトンネリング通信が悪用されることがあります。情報処理安
全確保支援士試験（H30年度春期 午後Ⅰ問2）を事例を，今回の内容に置き換
えて説明します。

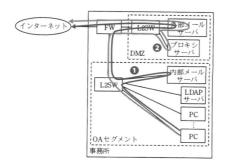

　本来のメール中継の経路は❶です。PCからメールを送信する際に，内部メー
ルサーバでSMTP認証を行うので，（LDAPに登録された）ユーザ名とパスワー
ドがなければメールを送信できません。ところが，プロキシサーバの設定で
ポート番号25にCONNECTメソッドによるトンネリング通信を許可してしま
うと，❷の経路でPCから内部メールサーバを経由せずに外部メールサーバ（の
25番ポート）にアクセスできてしまいます。
　もしPCがマルウェアに感染し，迷惑メールの発信源になったとしたらどう
なるでしょうか。❶の経路では，ユーザ名とパスワードをマルウェアは知ら
ないので，迷惑メールを送信できません。内部メールサーバの認証が成功し
ないからです。ところが，❷の経路では，ユーザ名とパスワードがわからな
くてもマルウェアは迷惑メールを送信できてしまいます。外部メールサーバ
では認証をしないからです。
　このように，プロキシサーバでむやみにCONNECTメソッドを許可してし

まうと，セキュリティリスクが発生する可能性があります。もちろん，FWで
細かく制御すればこのリスクは低減できますが，CONNECTメソッドを使え
るポートは限定しておいたほうが安全です。

　なお，プロキシによく利用されるsquidでは，以下のように設定すると443
ポート宛ての通信だけがCONNECTメソッドを利用できます。

```
acl Safe_ports port 443←443のみを設定
http_access deny !Safe_ports←Safe_portsで設定したポート以外は通信を
                                              拒否（deny）
```

（2）外部からアクセスできるサーバをFWによって独立したDMZに設置す
　　ると，OAセグメントに設置するのに比べて，どのようなセキュリティ
　　リスクが軽減されるか。40字以内で答えよ。

　ネットワークの設計に関するセキュリティリスクが問われています。設問
の「OAセグメントに設置するのに比べて」とあります。よって，外部から
アクセスできるサーバを，OAセグメントに設置した場合のリスクを考えま
しょう。具体的なリスクがわかりますか？

> そのサーバが乗っ取られたりすると，
> OAセグメントが危険だと思います。

　そうですね。侵入されたサーバを踏み台にして，OAセグメントの内部メー
ルサーバやPCにも侵入されてしまうおそれがあります。
　一方，DMZに設置したサーバが侵入されたとしても，DMZからOAセグ
メントへの通信は，FWでフィルタリングされます。たとえば，侵入に成功
した外部メールサーバからLDAPサーバに通信をしようにも，FWのポリシー
で拒否されます。よって，OAセグメントに侵入されるリスクは少なくなり
ます。
　さて，答案の書き方ですが，設問では「セキュリティリスク」が問われて
います。文末は「〜リスク」で終えると，解答の方向性がズレないと思います。

第2章

令和4年度

過去問解説

午後I

問1

問題

問題解説

設問解説

> | 解答例 | 社外からサーバに侵入されたときにOAセグメントの機器に侵入されるリスク（35字） |
> | --- | --- |

設問2

〔管理セグメントとOAセグメント間のファイルの受渡し〕について，(1) ～ (3) に答えよ。

(1) 本文中の下線①について，利用者の認証を既存のサーバで一元的に管理する場合，どのサーバから認証情報を取得するのが良いか。図2中の字句を用いて答えよ。

問題文から下線①の箇所を再掲します。

ファイルの送信者は，①FTAにWebブラウザを使ってログインし，受信者を指定してファイルをアップロードする。

問題文では，内部メールサーバとプロキシサーバは，ユーザ認証のためにLDAPサーバを参照することが示されていました。FTAもLDAPサーバを参照すれば，利用者の認証を一元的に管理できます。よって，解答はLDAPサーバです。簡単でしたね。

> | 解答 | LDAPサーバ |
> | --- | --- |

設問2

(2) 本文中の下線②について，FTAにアクセスできるのはどのセグメントか。図2中の字句を用いて全て答えよ。

問題文から下線②の箇所を再掲します。

②指示（c）のとおり，FTAには静的経路や経路制御プロトコルの設定
は行わない。

　指示（c）では，「工場の制御セグメント及び管理セグメントと，事務所の
OAセグメントとの間はルーティングを行わない」とあります。
　さて，今回の場合，FTAにはどのセグメントからアクセスできるのでしょ
うか。設問文に「図2中の字句」とあるので，まずは図2を確認します。「セ
グメント」は，制御セグメント，管理セグメント，OAセグメント，DMZの
4つです。

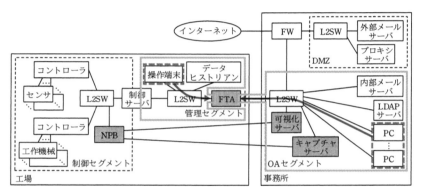

■FTAにアクセスできるセグメント

　では，正解を考えます。FTAは管理セグメントとOAセグメントに接続さ
れています。また，表1でも，PCや操作端末から通信することが記載され
ています（上図）。この二つのセグメントが正解だということはすぐにわか
ることでしょう。
　残る二つのセグメントはどうでしょう。まず，制御セグメントは，制御サー
バがルーティング機能をもたないので，通信はできません。DMZも，FTA
が静的経路などのルーティングの設定を行わないので，通信ができません。

解答	管理セグメント，OAセグメント

(3) 本文中の下線③について，FTAにおいて認証と認可はそれぞれ何をするために使われるか。違いが分かるようにそれぞれ25字以内で述べよ。

問題文から下線③の箇所を再掲します。

③FTAは，認証及び認可に必要な情報について，既存のサーバを参照する。

「既存のサーバ」とは，「LDAPサーバ」のことです。LDAPサーバとストレートに書けなかったのは，設問2（1）で問うているからです。
LDAPサーバでは，たとえば以下の情報などが設定されています。

■LDAPサーバに設定されている情報の例

ユーザID	ユーザ名	パスワード	役割	上長
user101	鈴木太郎	（ハッシュ暗号）	一般社員	user104
user102	山田幸子	（ハッシュ暗号）	一般社員	user104
user104	伊藤健太	（ハッシュ暗号）	管理者	user122

※他にはメールアドレスや部署名なども登録されていることでしょう。

さて，認証（Authentication）と認可（Authorization）の違いですが，先に答えを言ってしまうと，認証は「本人確認」，認可は「権限の確認」です。
たとえば，ファイルサーバへの以下のアクセスで考えましょう。

ファイルサーバにアクセスしたいので，ファイルサーバのパスを指定し，ユーザ名とパスワードを入力した。その後，フォルダAにはアクセスできたが，フォルダBには権限がなくてアクセスできなかった。

この場面において，ユーザ名とパスワードが正しいか（利用者が本当に本人であるか）を確認するのが認証（本人確認）です。また，ユーザがフォルダにアクセスする権限があるかを確認して，権限があるフォルダだけにアクセスさせるのが認可です。
次に，FTAでの認証と認可の使われ方を考えましょう。認証によって，FTAの利用者（ファイルの送信者や受信者，上長）が本人であることを，

LDAPサーバの「ユーザ名」と「パスワード」の属性によって確認します。認可によって，利用者が一般社員で送受信だけの権限なのか，管理者で承認権限をもっているかをLDAPサーバの「役割」属性で確認し，FTAでその権限を付与します。

FTAでは，認可の設定として以下のような権限設定がされていることでしょう。※実際には，誰の上長であるかも大事なので，もう少し複雑です。

■FTAの権限設定

利用者	実行権限
一般社員	送信，受信
管理者	送信，受信，承認

> **解答例**　・認証：FTAの利用者が本人であることを確認するため（22字）
> 　　　　　・認可：操作ごとに実行権限を有するかを確認するため（21字）

「認可」の解答例に，「操作ごとに」とあります。これは，「ファイルのアップロード」「ファイルのダウンロード」「（上長による）承認」などの，「操作」ごとにという意味だと考えられます。しかし，この「操作」という言葉はFTAに関しては問題文で使われていません。なので，「操作」という言葉を使わずに，「利用者が実行権限を有するかを確認すため」などと書いても正解になったことでしょう。

> ちなみに，この設問は知識問題ですか？
> それとも問題文のヒントから解答を導くのでしょうか。

問題文のヒントをもとに答えます。ですが，そもそも認証と認可の違いを「知識」として知っておかないと，答えるのは難しかったと思います。参考までに，採点講評には「ゼロトラストセキュリティの普及に伴い，認証と認可はネットワーク技術者にとっても必須の知識となっている」とありました。

〔測定データの可視化〕について，(1) ～ (5) に答えよ。

(1) 本文中の　　d　　に入れる適切な字句を答えよ。

問題文の該当部分は以下のとおりです。

> フレームを転送するときは，宛先MACアドレスがMACアドレステーブルに学習済みかどうかを確認した上で，学習済みの場合には学習されているポートに転送します。宛先MACアドレスが学習されていない場合は　　d　　します。

L2SWにおいて，学習していないMACアドレス宛てのフレームを，すべてのポートに送信する動作の名前が問われています。答えは，フラッディングです。

下の図を見てください。あるポートからフレームを受信したとします（下図①）。宛先MACアドレスを学習していない場合，L2SWはどのポートからフレームを出力していいかわかりません。そこで，フレームが入力されたポートを除く全ポートにフレームを送信します（下図②）。これがフラッディングです。

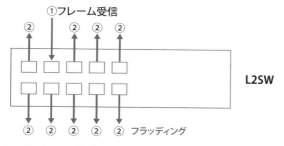

■フラッディングの動作

解答	フラッディング

フラッディングの動作は，R3年度午後I問1でも問われました。

(2) 本文中の下線④について，L2SWからミラーパケットでNPBにデータを入力する場合，ネットワークタップを用いてNPBにデータを入力する方式と比べて，性能面でどのような制約が生じるか。40字以内で述べよ。

問題文から下線④の箇所を再掲します。

④今回採用する方法では，想定トラフィック量が少ないので既存のL2SWのミラーポートを用います。

ミラーパケット方式を採用した場合における，性能面での制約事項が問われています。下線④に「想定トラフィック量が少ない」とあることから，トラフィック量の大小に着目して解答します。
まず，L2SWからミラーパケットでNPBにデータを入力する方式を以下の図で説明します。

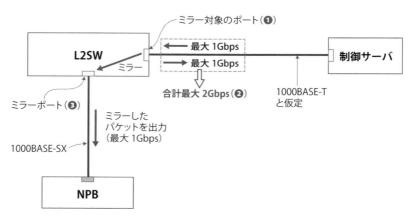

■L2SWからミラーパケットでNPBにデータを入力する方式

制御サーバとL2SWが1本のLANケーブルで接続されていて，L2SW側のポートがミラー対象のポート（上図❶）だとします。通信速度は記載されていませんが，通常のLANケーブルを使った1000BASE-Tだとします。1Gbps

のLANケーブルにおける全二重通信の場合，送信と受信のそれぞれで1Gbpsの通信ができます。つまり，ミラー対象のポートには，最大2Gbpsの通信が流れます（❷）。

あれ，そうでしたっけ？

はい。1Gbpsといっても最大2Gbpsなんです。ここが正解を導き出すポイントです。

次に，L2SWのミラーポート（❸）とNPBは，1本のケーブル（1000BASE-SX）で接続します。速度は1Gbpsです。この接続を使って，L2SWのミラー対象のポート（❶）を通過するパケットをNPBに出力します。よって，ミラー対象のポートに合計1Gbps以上の通信が流れると，帯域があふれてしまうのです。（1Gbpsの全二重通信において，受信を0Mbpsにするから送信を2Gbpsにする，ということはできません）

この点が，設問で問われた性能面での制約です。答案の書き方ですが，問われているのは「制約」です。文末を「制約」で終えるか，「という制約」をつけても不自然にならない終わり方にしましょう。

> **解答例** 送信側と受信側のトラフィックを合計1Gビット／秒までしか取り込めない。（35字）

なお，下線④のとおりトラフィック量が少なければ（送受信合計1Gビット／秒以下），すべてのパケットをNPBに取り込めます。ですので，今回はミラーポートの方式でも問題ありません。

設問3

（3）本文中の下線⑤について，1ポートだけからミラーパケットを取得する設定にする場合には，どの装置が接続されているポートからミラーパケットを取得するように設定する必要があるか。図2中の字句を用

いて答えよ。

問題文から下線⑤の箇所を再掲します。

・⑤<u>制御セグメントに設置されているL2SWの特定ポートにミラー設定を
行い</u>，L2SWの該当ポートの送信側，受信側，双方のパケットを複製し
てNPBに送信させる。

　可視化サーバとキャプチャサーバにミラーパケットを送信するために，ど
のポートをミラーすればよいかが問われています。まずは図2で接続構成を
確認しましょう。下図では，L2SWのポートに❶～❹の番号を割り当てました。

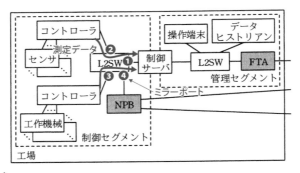

■ **L2SWのポート**

　まず，NPBに複製パケットを送るので，❹がミラーポートです。では「ミ
ラーパケットを取得するように設定するポート」はどれかというと，❶～❸
のどれか一つです。設問文に「1ポートだけから」と書いてあるからです。
　さて，正解を考えますが，おそらく直感的に❶だとわかったと思います。
　では，詳しく見ていきましょう。NPBを使って取得したいのは，コントロー
ラから制御サーバに送信される測定データです。ですので，❶の制御サーバ
の接続ポートをミラーしておけば，すべてのコントローラからの測定データ
を取得できます。仮に❷や❸に設定した場合には，片方のコントローラが送
信する測定データしか取得できません。

設問3

(4) 本文中の下線⑥について，サーバでミラーパケットを受信するために
はサーバのインタフェースを何というモードに設定する必要があるか
答えよ。また，このモードを設定することによって，設定しない場合
と比べどのようなフレームを受信できるようになるか。30字以内で答
えよ。

問題文から下線⑥の箇所を再掲します。

- NPBは受信したミラーパケットを必要なパケットだけにフィルタリン
  グした後に再度複製し，⑥可視化サーバとキャプチャサーバに送信する。

モードの名称に関しては，H27年度 午後Ⅰ問3でも問われました。過去問
学習の重要さを改めて感じます。

さて，まずはイーサネットの仕組みから説明します。イーサネットのフレー
ム（下図）の中には，宛先MACアドレスのフィールドがあります。

宛先 MACアドレス	送信元 MACアドレス	タイプ	データ	FCS

■イーサネットのフレーム

イーサネットフレームを受信したホストは，宛先MACアドレスが自分宛
てではない場合，そのフレームを破棄します（不要なフレームだから当たり
前ですよね）。

では，可視化サーバやキャプチャサーバに届くフレームの宛先MACアド
レスは何でしょうか。図2を見ながら考えてください。

第2章
過去問解説
令和4年度
午後Ⅰ
問1
問題
問題解説
設問解説

NPBはコントローラと制御サーバの
パケットを受信していますよね。

　そうです。可視化サーバやキャプチャサーバに届くフレームの宛先MAC
アドレスは，制御サーバやコントローラのMACアドレスです。なので，何
も設定しないと，サーバでは自分宛てではないので，届いたフレームを破棄
してしまいます。そこで，自分のMACアドレス宛てではないフレームも受
信するよう，インタフェースに「プロミスキャスモード」の設定を行います。
　参考までに，以下はWiresharkの設定画面です。「すべてのインターフェー
スにおいてプロミスキャスモードを有効にします」というチェックボックス
があり，これにチェックを入れることで，自分宛て以外のフレームも受信す
ることができます。

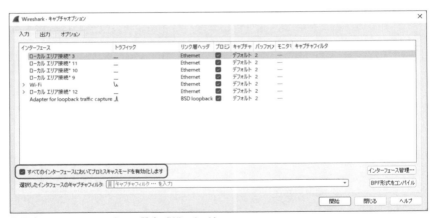

■「プロミスキャスモード」の設定（Wireshark）

解答　・モード：プロミスキャス
　　　　　・フレーム：宛先MACアドレスが自分のMACアドレス以外のフレーム

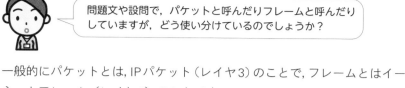

問題文や設問で，パケットと呼んだりフレームと呼んだり
していますが，どう使い分けているのでしょうか？

　一般的にパケットとは，IPパケット（レイヤ3）のことで，フレームとはイー
サネットフレーム（レイヤ2）のことです。

■ イーサネットフレームの構造

■ IPパケットの構造

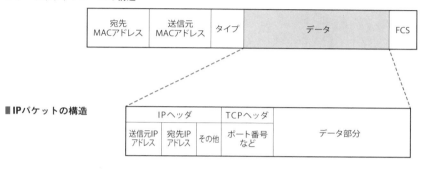

　とはいえ，両者は混在して使われることがよくあります。たとえば，問題
文や設問では「ミラーパケットを受信する」「パケットを複製する」といっ
た表現が使われています。しかし，このパケットにはMACアドレス情報が
含まれているので，正しくは「パケット」ではなく「フレーム」です。
　今回の設問では，フレームにしか含まれないMACアドレスに関する内容
なので，「フレーム」という言葉が使われました。

設問3

（5）キャプチャサーバに流れるミラーパケットが平均100kビット／秒で
　　あるとき，1,000日間のミラーパケットを保存するのに必要なディス
　　ク容量は何Gバイトになるか。ここで，1kビット／秒は10^3ビット／秒，
　　1Gバイトは10^9バイトとする。ミラーパケットは無圧縮で保存するも
　　のとし，ミラーパケット以外のメタデータの大きさは無視するものと
　　する。

計算問題です。ビットとバイトの換算（1バイト＝8ビット）や，kやGなどの単位の変換，時間の変換（秒，時間，日）に注意しましょう。

　ミラーパケットの平均速度（ビット／秒）に，3600秒（1時間あたりの秒数）と24時間（1日当たりの時間数）と1000日をかけ算すると，1000日分のデータ量（ビット）が算出できます。また，ビットからバイトに変換するために，8で割ります。計算結果は1,080,000,000kバイトです。設問で指定された条件でGバイトに変換すると，1,080Gバイトです。

　計算式で表すと以下のようになります。

100kビット／秒×3600秒×24時間×1000日÷8

$$= 1,080,000,000 \text{kバイト}$$
$$= 1,080 \text{Gバイト}$$

解答	1,080（Gバイト）

　なお，メタデータとは，データの属性に関する情報です。具体的には，ファイル名や作成者，作成日などのことです。ファイルに保存する場合は，これらの情報がないと不便ですから，メタデータを付加して保存します。

技術は人を幸せにする

　なぜ私が資格を取ったのか。私の場合,単に資格さえ取れればいいと思ったわけではない。資格を通じて技術を身に付け,会社の No.1 SE になりたいと思ったからだ(加えて,本を出すときの肩書きが欲しかったというのもある)。

　マーケティングで有名な格言に,「ドリルを買う人が欲しいのは『穴』」というのがある。ドリルが欲しいんじゃない。壁に1cmや3cmなどの決められたサイズの穴が欲しいのだ。ドリルはあくまでも手段でしかない。

　資格も同じだ。資格取得の目的は資格そのものがほしいことではない。資格取得という手段を通じて技術や自信を身に付け,仕事やお客様,社会に役立てることが目的である。

　本田技研の創設者 本田宗一郎氏に関する書籍である『本田宗一郎の教え』(ロングセラーズ)には,「技術によって、たくさんの人が喜んでくれた。これからも自分は技術によって人を喜ばせていきたい。もっともっと技術を磨いて、技術によって世の中の役に立っていこう」とある。

　技術というのは本当に素晴らしい。技術はQ(品質),C(コスト),D(納期)のすべてを改善してくれる。高い技術力があれば品質が良いシステムを作ることができる。腕のいいエンジニアが開発すれば,あっという間に(=短納期で)素晴らしいシステムができあがる。開発コストを大幅に減らすことだってできる。そして,IT革命という言葉があるように,人の生活までをも変える力があるのだ。

　本田宗一郎氏の名言は非常に多いが,この本には,「プロは完璧な仕事をするのがあたりまえ」「人を喜ばせれば、喜び、楽しみとなって自分に帰ってくる」「本気で仕事をしていれば、金はあとからついてくる。常に本気かどうか」など,私の気持ちを高揚させるたくさんの言葉がある。

　我々SEというのはシステムのプロである。完璧な仕事をするプロである。そして,多くの人を喜ばせることができ,結果として高い報酬を得られる。

　そんないいスパイラルを生むには,「技術」を高めることが一番ではないだろうか。

第2章
令和
4年度
午後I
過去問解説
問1
問題
問題解説
設問解説

設問			IPA の解答例・解答の要点	予想配点
設問1	(1)	a	**Syslog**	3
		b	ダイジェスト	3
		c	**CONNECT**	3
	(2)		社外からサーバに侵入されたときに OA セグメントの機器に侵入されるリスク	6
設問2	(1)		**LDAP サーバ**	3
	(2)		管理セグメント，**OA** セグメント	3
	(3)	認証	FTA の利用者が本人であることを確認するため	3
		許可	操作ごとに実行権限を有するかを確認するため	3
設問3	(1)	d	フラッディング	3
	(2)		送信側と受信側のトラフィックを合計 1G ビット／秒までしか取り込めない。	6
	(3)		制御サーバ	3
	(4)	モード	プロミスキャス	3
		フレーム	宛先 **MAC** アドレスが自分の **MAC** アドレス以外のフレーム	5
	(5)		**1,080**	3
			合計	50

※予想配点は著者による

IoT技術が普及・拡大していく中で，これまで閉域で利用する前提であったネットワークをほかのネットワークに接続しなければならないという利用シーンが増えている。

事務所のOAセグメントにあるITシステムと，センサや工作機械を接続する制御セグメントにあるOT（Operating Technology）システムの連携がその例である。

両システムの連携では，特にOTシステムについて，増大するセキュリティ脅威とそれに対するセキュリティ対策が課題になっている。

本問では，ITシステムとOTシステムの接続を題材に，認証，許可及びパケット転送についての知識・経験を問う。

問1では，ITシステムとOT（Operating Technology）システムの接続を題材に，認証，許可及びパケット転送について出題した。全体として正答率は平均的であった。

s.h さんの解答	正誤	予想採点	Takuya.Oさんの解答	正誤	予想採点
Syslog	○	3	Syslog	○	3
ベーシック	×	0	Digest	○	3
CONNECT	○	3	POST	×	0
外部から OA セグメント内の機器が直接制御されるリスク	△	4	攻撃者侵入時の被害やポートスキャンが DMZ 内の最小限に抑えられる	○	6
LDAP サーバ	○	3	LDAP サーバ	○	3
管理セグメント, OAセグメント	○	3	管理セグメント, OAセグメント	○	3
送受信者の端末が正しいことの確認のため	×	0	ユーザがそのユーザ本人であることを確かめる	○	3
送受信者と上長に権限があるかどうかの確認のため	○	3	ユーザに付与する権限が範囲内であることを確かめる	○	3
フラッディング	○	3	ブロードキャスト	×	0
ミラーポートの回線速度以下のトラフィック量であること	○	6	パケットロスが生じないよう想定以上のトラフィックが発生しないよう抑える	△	2
制御サーバ	○	3	制御サーバ	○	3
プロミスキャスモード	○	3	プロミスキャスモード	○	3
自身の MAC アドレス宛ではないフレームも受信できる	○	5	自分宛以外のパケットのフレームも受信できるようになる	○	5
8640	×	0	2.88 GB	×	0
予想点合計		39	予想点合計		37

　設問1 (1) は, 正答率が低かった。ネットワーク運用においてSyslogプロトコルによるログ収集は, 故障時やセキュリティインシデント発生時の分析によく実施される。プロトコル名だけでなく, 内容についても理解を深めてほしい。

　設問2 (3) は, 正答率がやや高かった。ゼロトラストセキュリティの普及に伴い, 認証と許可はネットワーク技術者にとっても必須の知識となっている。認証と許可をセットで覚えるだけではなく, それらの違いについてもよく理解しておいてほしい。

　設問3 (2) は, 正答率がやや低かった。本問ではボトルネックが存在する構成であったが, そこに気づいていない受験者が多かった。解答の際には, 下線部だけを読んで解答するのではなく, 本文全体を理解するよう心掛けてほしい。

■出典
「令和4年度 春期 ネットワークスペシャリスト試験 解答例」
https://www.jitec.ipa.go.jp/1_04hanni_sukiru/mondai_kaitou_2022r04_1/2022r04h_nw_pm1_ans.pdf
「令和4年度 春期 ネットワークスペシャリスト試験 採点講評」
https://www.jitec.ipa.go.jp/1_04hanni_sukiru/mondai_kaitou_2022r04_1/2022r04h_nw_pm1_cmnt.pdf

「何を言ったか」ではなく，「誰が言ったか」で左右されるもの

　若手の頃，必死でお客様に提案したのに聞く耳をもってもらえず，上司が同じことを言ったらすんなりOKになった。

　なんなんだ。俺って存在しなくていいじゃんと思った。

　何を言ったのかじゃなくて，誰が言ったかで判断される。

　世の中ってひどい。

　でも，それが世の中である。ならば，自分が，誰が言ったかで判断される人間になればいい。

　そういう意味では，資格は一つの肩書きにはなる。年齢や役職は関係ない。ネットワークスペシャリストに合格した段階から，ただのエンジニアからネットワークの最高峰の国家資格保持者になる。実際，資格を持っている人が言うのと，そうでない人が言うのでは，聞いている人の反応が違うことがある。

　私の場合も，新人のときは知識や経験がないこともあって，さんざん先輩に馬鹿にされていた。しかし，当時は合格者が周囲にあまりいなかったネットワークスペシャリスト（そのときの合格率は6.8%）に合格したあとは，ネットワークの話になると頼ってくれるようになった。私が「誰」なのかという存在の価値を，「資格」が高めてくれたのである。

▲同じお願いをしても，人によって態度を変える先輩。これも世の中の現実。

令和4年度

午後Ⅰ 問2

問　　題
問題解説
設問解説

問題

問2　セキュアゲートウェイサービスの導入に関する次の記述を読んで，設問1〜3に答えよ。

　N社は，国内に本社及び一つの営業所をもつ，中堅の機械部品メーカである。従業員は，N社が配布するPCを本社又は営業所のLANに接続して，本社のサーバ，及びSaaSとして提供されるP社の営業支援サービスを利用して業務を行っている。

　N社は，クラウドサービスの利用を進め，従業員のテレワーク環境を整備することにした。N社の情報システム部は，本社のオンプレミスのサーバからQ社のPaaSへの移行と，Q社のセキュアゲートウェイサービス（以下，SGWサービスという）の導入を検討することになった。SGWサービスは，PCがインターネット上のサイトに接続する際に，送受信するパケットを本サービス経由とすることによって，ファイアウォール機能などの情報セキュリティ機能を提供する。

〔現行のネットワーク構成〕
N社の現行のネットワーク構成を図1に示す。

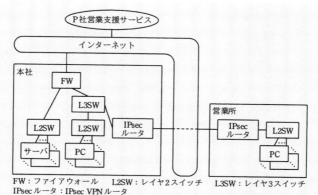

図1 N社の現行のネットワーク構成（抜粋）

FW：ファイアウォール　　L2SW：レイヤ2スイッチ　　L3SW：レイヤ3スイッチ
IPsecルータ：IPsec VPNルータ

第2章

令和4年度

過去問解説

午後Ⅰ

問2

問題

問題解説

設問解説

N社の現行システムの概要を次に示す。

- 本社及び営業所のLANは，IPsecルータを利用したIPsec VPNで接続している。
- 本社及び営業所のIPsecルータは，IPsec VPNを確立したときに有効化される仮想インタフェース（以下，トンネルIFという）を利用して相互に接続する。
- 営業所のPCからP社営業支援サービス宛てのパケットは，営業所のIPsecルータ，本社のIPsecルータ，L3SW，FW及びインターネットを経由してP社営業支援サービスに送信される。
- FWは，パケットフィルタリングによるアクセス制御と，NAPTによるIPアドレスの変換を行う。
- P社営業支援サービスでは，①特定のIPアドレスから送信されたパケットだけを許可するアクセス制御を設定して，本社のFWを経由しない経路からの接続を制限している。

　本社及び営業所のIPsecルータは，LAN及びインターネットのそれぞれでデフォルトルートを使用するために，VRF（Virtual Routing and Forwarding）を利用して二つの　　　a　　　テーブルを保持し，経路情報をVRFの識別子（以下，VRF識別子という）によって識別する。ネットワーク機器のVRFとインタフェース情報を表1に，ネットワーク機器に設定し

ているVRFと経路情報を表2に示す。

表1　ネットワーク機器のVRFとインタフェース情報（抜粋）

拠点	機器名	VRF識別子	インタフェース	IPアドレス	サブネットマスク	接続先
本社	FW	－	INT-IF [1]	a.b.c.d [3]	（省略）	ISPのルータ
			LAN-IF [2]	172.16.0.1	255.255.255.0	L3SW
	IPsec ルータ	65000:1	INT-IF [1]	s.t.u.v [3]	（省略）	ISPのルータ
		65000:2	LAN-IF [2]	172.17.0.1	255.255.255.0	L3SW
			トンネルIF	（省略）	（省略）	営業所のIPsecルータ
営業所	IPsec ルータ	65000:1	INT-IF [1]	w.x.y.z [4]	（省略）	ISPのルータ
		65000:2	LAN-IF [2]	172.17.1.1	255.255.255.0	L2SW
			トンネルIF	（省略）	（省略）	本社のIPsecルータ

注 [1]　INT-IFは，インターネットに接続するインタフェースである。
注 [2]　LAN-IFは，本社又は営業所のLANに接続するインタフェースである。
注 [3]　a.b.c.d及びs.t.u.vは，固定のグローバルIPアドレスである。
注 [4]　w.x.y.zは，ISPから割り当てられた動的なグローバルIPアドレスである。

表2　ネットワーク機器に設定しているVRFと経路情報（抜粋）

拠点	機器名	VRF識別子	宛先ネットワーク	ネクストホップとなる装置又はインタフェース	経路制御方式
本社	FW	－	0.0.0.0/0	ISPのルータ	静的経路制御
			172.17.1.0/24（営業所のLAN）	本社のL3SW	動的経路制御
	IPsec ルータ	65000:1	0.0.0.0/0	ISPのルータ	静的経路制御
		65000:2	0.0.0.0/0	b	動的経路制御
			172.17.1.0/24（営業所のLAN）	トンネルIF	c
営業所	IPsec ルータ	65000:1	0.0.0.0/0	ISPのルータ	静的経路制御
		65000:2	0.0.0.0/0	トンネルIF	d

　N社のネットワーク機器に設定している経路制御を，次に示す。

- 本社のFW，L3SW及びIPsecルータには，OSPFによる経路制御を稼働させるための設定を行っている。
- 本社のFWには，OSPFにデフォルトルートを配布する設定を行っている。
- ②本社のIPsecルータには，営業所のIPsecルータとIPsec VPNを確立するために，静的なデフォルトルートを設定している。
- 本社及び営業所のIPsecルータには，営業所のPCが通信するパケットをIPsec VPNを介して転送するために，トンネルIFをネクストホップとした静的経路を設定している。
- 本社のIPsecルータには，OSPFに③静的経路を再配布する設定を行っている。

〔新規ネットワークの検討〕

　Q社のPaaS及びSGWサービスの導入は，N社の情報システム部のR主任が担当することになった。R主任が考えた新規ネットワーク構成と通信の流れを図2に示す。

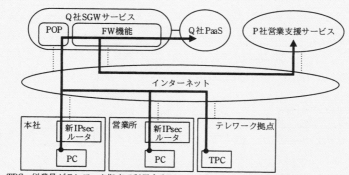

TPC：従業員がテレワーク拠点で利用するPC　　POP：Point of Presence
➡ ：PC及びTPCから，Q社PaaS及びP社営業支援サービスを利用する際に発生する通信の流れ
…… ：インターネットとの接続

図2　R主任が考えた新規ネットワーク構成と通信の流れ（抜粋）

　R主任が考えた新規ネットワーク構成の概要を次に示す。

- 本社のサーバ上で稼働するシステムを，Q社PaaSへ移行する。
- Q社SGWサービスを利用するために，本社及び営業所に導入する新IPsecルータ，並びにTPCは，Q社SGWサービスのPOPという接続点にトンネルモードのIPsec VPNを用いて接続する。
- PC及びTPCからP社営業支援サービス宛てのパケットは，Q社SGWサービスのPOPとFW機能及びインターネットを経由してP社営業支援サービスに送信される。
- Q社SGWサービスのFW機能は，パケットフィルタリングによるアクセス制御と，NAPTによるIPアドレスの変換を行う。

　R主任は，POPとの接続に利用するIPsec VPNについて，検討した。

　IPsec VPNには，IKEバージョン2と，ESPのプロトコルを用いる。新IPsecルータ及びTPCとPOPは，IKE SAを確立するために必要な，暗号化アルゴリズム，疑似ランダム関数，完全性アルゴリズム及びDiffie-

Hellmanグループ番号を，ネゴシエーションして決定し，IKE SAを確立する。次に，新IPsecルータ及びTPCとPOPは，認証及びChild SAを確立するために必要な情報を，IKE SAを介してネゴシエーションして決定し，Child SAを確立する。

新IPsecルータ及びTPCは，IPsec VPNを介して転送する必要があるパケットを，長さを調整するESPトレーラを付加して　e　化する。次に，新しい　f　ヘッダと，　g　SAを識別するためのESPヘッダ及びESP認証データを付加して，POP宛てに送信する。

R主任は，IPsec VPNの構成に用いるパラメータについて，現行の設計と比較検討した。検討したパラメータのうち，鍵の生成に用いるアルゴリズムと　h　を定めているDiffie-Hellmanグループ番号には，現行では1を用いているが，POPとの接続では1よりも　h　の長い14を用いた方が良いと考えた。

〔接続テスト〕

Q社のPaaS及びSGWサービスの導入を検討するに当たって，Q社からテスト環境を提供してもらい，本社，営業所及びテレワーク拠点から，Q社PaaS及びP社営業支援サービスを利用する接続テストを行うことになった。

R主任は，接続テストを行う準備として，P社営業支援サービスに設定しているアクセス制御を変更する必要があると考えた。P社営業支援サービスへの接続を許可するIPアドレスには，Q社SGWサービスのFW機能でのNAPTのために，Q社SGWサービスから割当てを受けた固定のグローバルIPアドレスを設定する。R主任は，Q社SGWサービスがN社以外にも提供されていると考えて，④NAPTのためにQ社SGWサービスから割当てを受けたグローバルIPアドレスのサービス仕様を，Q社に確認した。

テスト環境を構築したR主任は，Q社PaaS及び⑤P社営業支援サービスの応答時間の測定を確認項目の一つとして，接続テストを実施した。

R主任は，N社の幹部に接続テストの結果に問題がなかったことを報告し，Q社のPaaS及びSGWサービスの導入が承認された。

設問1　〔現行のネットワーク構成〕について，(1) ～ (6) に答えよ。

(1) 本文中の下線①のIPアドレスを，表1中のIPアドレスで答えよ。

(2) 本文中の ___a___ に入れる適切な字句を答えよ。

(3) 表2中の ___b___ ～ ___d___ に入れる適切な字句を，表2中の字句を用いて答えよ。

(4) "本社のIPsecルータ"が，営業所のPCからP社営業支援サービス宛てのパケットを転送するときに選択する経路は，表2中のどれか。VRF識別子及び宛先ネットワークを答えよ。

(5) 本文中の下線②について，デフォルトルート（宛先ネットワーク0.0.0.0/0の経路）が必要になる理由を，40字以内で述べよ。

(6) 本文中の下線③の宛先ネットワークを，表2中の字句を用いて答えよ。

設問2　〔新規ネットワークの検討〕について，(1)，(2) に答えよ。

(1) 本文中の ___e___ ～ ___h___ に入れる適切な字句を答えよ。

(2) POPとのIPsec VPNを確立できない場合に，失敗しているネゴシエーションを特定するためには，何の状態を確認するべきか。本文中の字句を用いて二つ答えよ。

設問3　〔接続テスト〕について，(1)，(2) に答えよ。

(1) 本文中の下線④について，情報セキュリティの観点でR主任が確認した内容を，20字以内で答えよ。

(2) 本文中の下線⑤について，P社営業支援サービスの応答時間が，現行よりも長くなると考えられる要因を30字以内で答えよ。

第2章

令和4年度

過去問解説

午後Ⅰ

問2

問題

問題解説

設問解説

問2は,「セキュアゲートウェイサービスの導入を題材に,**VRF**を用いたネットワーク設計,**IPsec VPN**,**IKEv2**及び**ESP**についての知識,セキュアゲートウェイサービスとの接続(出題趣旨より)」に関する出題でした。**VRF**の設計が非常に複雑であり,難しい問題でした。とはいえ,ネットワークの基礎知識を武器に,問題文のヒントを活用すれば,合格ラインを突破できるように工夫されています。採点講評には「全体として正答率は平均的であった」とあります。

問2 セキュアゲートウェイサービスの導入に関する次の記述を読んで,設問1〜3に答えよ。

　N社は,国内に本社及び一つの営業所をもつ,中堅の機械部品メーカである。従業員は,N社が配布するPCを本社又は営業所のLANに接続して,本社のサーバ,及びSaaSとして提供されるP社の営業支援サービスを利用して業務を行っている。

　N社は,クラウドサービスの利用を進め,従業員のテレワーク環境を整備することにした。N社の情報システム部は,本社のオンプレミスのサーバからQ社のPaaSへの移行と,Q社のセキュアゲートウェイサービス(以下,SGWサービスという)の導入を検討することになった。

　政府の「クラウド・バイ・デフォルト原則」やリモートワークの広がりなどにより,クラウドサービスの利用が進みました。ネットワークスペシャリスト試験でも,クラウドに関連する問題が増えています。
　念のため,SaaSやPaaSについて,以下に整理しておきます。

■クラウドサービスの種類と概要

クラウドサービス	概要
SaaS (**Software as a Service**)	今回の営業支援サービスのように,Software(ソフトウェア)やアプリケーションを提供
PaaS (**Platform as a Service**)	データベースなどのPlatform(プラットフォーム)を提供。今回,詳細は記載されていないが,Q社のPaaSを利用する
IaaS (**Infrastructure as a Service**)	AmazonEC2(Elactic Compute Cloud)のような,仮想サーバ(またはOS)などのInfrastructure(基盤)を提供

SGWサービスは，PCがインターネット上のサイトに接続する際に，送受信するパケットを本サービス経由とすることによって，ファイアウォール機能などの情報セキュリティ機能を提供する。

　最近のセキュリティ対策のキーワードとして「ゼロトラスト」という言葉がにぎわっています。従来の「ファイアウォールの中は安全（＝トラスト，信頼された）」という概念ではなく，「信頼できるところ（トラスト）は無い（ゼロ）」という考えで，社外・社内にかかわらず，どこから接続する場合でもセキュリティを保つという考え方です。

　ゼロトラストを実現する仕組みの一つとして，セキュアゲートウェイ（SGW）サービスがあります。これは，クラウドプロキシと考えてもいいでしょう。従来のプロキシサーバを使ったインターネット接続と，SGWのクラウドプロキシの違いを図にすると，以下のようになります。

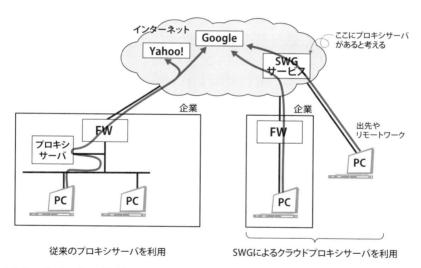

■ 従来のプロキシサーバを利用した接続と，SGWのクラウドプロキシサーバの違い

　SGWサービスを経由する際に，問題文に記載があるファイアウォール機能などで通信制限をすることができます。それ以外には，ファイアウォール機能に加えて，URLフィルタやアンチウイルス機能なども利用することが多いことでしょう。

どうやって SGW に接続するのですか？

　PCのプロキシ設定（以下）で，SGWのサーバを指定する方法もあれば，PCにソフトウェアをインストールする場合もあります。今回は，PCにソフトウェアをインストールするタイプだと考えられます。

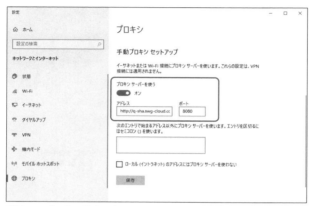

■ **PC**でのプロキシ設定画面

〔現行のネットワーク構成〕
　N社の現行のネットワーク構成を図1に示す。

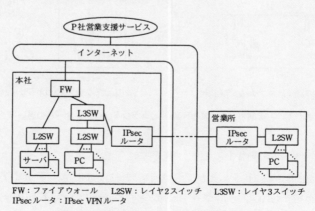

図1　N社の現行のネットワーク構成（抜粋）

N社のネットワーク構成です。

ネットワーク構成は大事ですね。

　はい。ただ，図1を見てわかるように，非常に単純な構成です。午後Ⅰ問1や問3と違って，DMZが存在しません。本社と営業所がIPsecルータで接続されること，インターネットを経由してP社営業支援サービスに接続されていること，この2点だけ押さえて以降の問題文を見ていきましょう。

　N社の現行システムの概要を次に示す。
- 本社及び営業所のLANは，IPsecルータを利用したIPsec VPNで接続している。
- 本社及び営業所のIPsecルータは，IPsec VPNを確立したときに有効化される仮想インタフェース（以下，トンネルIFという）を利用して相互に接続する。

　IPsecの技術を使ったVPNの通信をするのに，トンネルIFを設定します。トンネルIFにIPアドレスを割り当てるかはケースバイケースですが，IPsecの通信では，基本的にトンネルIFを作成します。
　ではここで，このネットワークを理解するために，IPアドレスおよびセグメントを図1に書き込んでみましょう。

Q. 本社と営業所のIPアドレスおよびセグメントを図1に落とし込め。ただし，トンネルIFを含むIPsecに関しては考慮しなくてよい。IPアドレスは表1を参照せよ。

A. 以下のようになります。

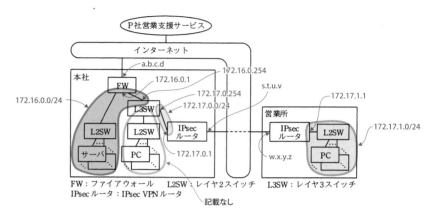

■ **本社と営業所のIPアドレスとセグメント**

> • 営業所のPCからP社営業支援サービス宛てのパケットは，営業所の
>   IPsecルータ，本社のIPsecルータ，L3SW，FW及びインターネットを
>   経由してP社営業支援サービスに送信される。

この通信を図に書き入れると，以下のようになります。

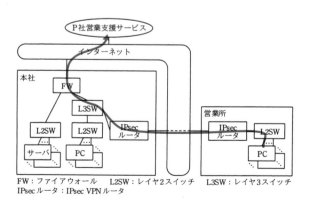

■ **営業所のPCからP社営業支援サービス宛ての通信**

わざわざ本社を経由してP社営業支援
サービスと通信するのですね。

そうです。これは旧来のセキュリティの設計としては一般的です。インターネットへの出口を一本化し，その一つの出口で集中的にセキュリティ対策をします。分散させると管理が雑になって人的ミスにつながる懸念もあり，それがセキュリティホールになる可能性があるからです。

ちなみに，このあとの新規ネットワークでは，営業所からのP社営業支援サービスへの通信は，本社を経由せずにSGWサービス経由（図2）になります。

- FWは，パケットフィルタリングによるアクセス制御と，NAPTによるIPアドレスの変換を行う。

FWではNAPTによるIPアドレス変換を行いますが，この点は設問1（1）に関連します。

- P社営業支援サービスでは，①特定のIPアドレスから送信されたパケットだけを許可するアクセス制御を設定して，本社のFWを経由しない経路からの接続を制限している。

P社営業支援サービスを，N社以外の不正な第三者に利用されては困ります。よって，N社の本社のIPアドレスからの通信に限定します。下線①は，設問1（1）で解説します。

　　本社及び営業所のIPsecルータは，LAN及びインターネットのそれぞれでデフォルトルートを使用するために，VRF（Virtual Routing and Forwarding）を利用して二つの　　a　　テーブルを保持し，経路情報をVRFの識別子（以下，VRF識別子という）によって識別する。

VRFは，フルスペルにVirtual（仮想的な）という言葉があるように，一つのルータの中に仮想的に複数のルータをもたせる機能です。

VRFを理解するために，まずはVLAN（Virtual LAN）を思い出してください。VLAN対応のスイッチは，一つのスイッチに複数の仮想スイッチをもつことができます。左下の図では，VLAN対応のL2SWの中に，192.168.10.0/24を収容するVLAN10用のL2SWと，192.168.20.0/24のネットワークを収容するVLAN20用のL2SWの二つが存在します。

VLAN対応スイッチのルーティング版がVRFだと思ってください。右下の図では，一つのVRF対応のルータの中で，VRF1とVRF2の二つのルータが動作します。二つの別々のルータなので，右下の図のように，VRF1とVRF2で，IPアドレスが重複しても問題ありません。レイヤ2の仮想化技術がVLANで，レイヤ3の仮想化技術がVRFと考えてもいいでしょう。

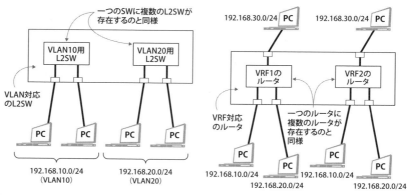

■ **L2SWのVLAN（レイヤ2の仮想化技術）**　■ **ルータのVRF（レイヤ3の仮想化技術）**

単純なVRFの例を紹介します。基幹系ネットワークと，インターネット系ネットワークがあり，両者を完全に分離します。通常はルータを2台に分けるのですが，VRFを使えば，1台のルータで，それぞれのネットワークのルーティングを実現します。

 今回はよくあるインターネット VPN の接続だと思います。VRF を使わないと通信できないのでしょうか？

いえ，そんなことはありません。通常のルーティングで設定できます。

ではなぜ VRF を使うのでしょうか？

難しい質問ですね……。

今回のVRFの使い方は，先に紹介したVRF構成とは異なります。複数のネットワークでVRFを分けるのではなく，一つのネットワークにおいて，LANとWANでVRFを分けています。なぜそんな分け方をするのか。考えられる理由はいくつかあります。たとえば今回はIPsecを使うのと同時にOSPFを使おうとしています。IPsecでのOSPFは，注意する点があることは過去問でも何度か問われました。それを避けるためかもしれません。しかし，真の理由はというと，正直わかりません。VRFを使わなくても構成できるけど，単に，設問のために考えられた構成かもしれないのです。

ただ，一般的ではない構成だからといっても，不満を言っても仕方がありません。問題を出された以上，解くしかありません。問題文の構成を理解し，設問の指示に従って考えるとそれほど難しい問題ではありません。むしろ，問題文にヒントがたくさん記載されているラッキー問題と考えてください。

第2章
過去問解説
令和4年度
午後Ⅰ
問2
問題
問題解説
設問解説

ネットワーク機器の**VRFとインタフェース情報を表1**に，ネットワーク機器に設定している**VRFと経路情報を表2**に示す。

表1　ネットワーク機器の VRF とインタフェース情報（抜粋）

拠点	機器名	VRF 識別子	インタフェース	IP アドレス	サブネットマスク	接続先
本社	FW	−	INT-IF [1]	a.b.c.d [3]	（省略）	ISP のルータ
			LAN-IF [2]	172.16.0.1	255.255.255.0	L3SW
	IPsec ルータ	65000:1	INT-IF [1]	s.t.u.v [3]	（省略）	ISP のルータ
		65000:2	LAN-IF [2]	172.17.0.1	255.255.255.0	L3SW
			トンネル IF	（省略）	（省略）	営業所の IPsec ルータ
営業所	IPsec ルータ	65000:1	INT-IF [1]	w.x.y.z [4]	（省略）	ISP のルータ
		65000:2	LAN-IF [2]	172.17.1.1	255.255.255.0	L2SW
			トンネル IF	（省略）	（省略）	本社の IPsec ルータ

注 [1]　INT-IF は，インターネットに接続するインタフェースである。
注 [2]　LAN-IF は，本社又は営業所の LAN に接続するインタフェースである。
注 [3]　a.b.c.d 及び s.t.u.v は，固定のグローバル IP アドレスである。
注 [4]　w.x.y.z は，ISP から割り当てられた動的なグローバル IP アドレスである。

VRF識別子は，VLANにおけるVLAN IDのようなものと考えてください。仮想ルータを識別するもので，ルータに設定します。解説をシンプルにするために，ここでは，VRF識別子の65000:1をVRF1，65000:2をVRF2として解説します。

 難しそうな表ですね。読むのがツライです。

　こういう表は情報量が多いので，読むのも理解するのも大変です。いきなり全部を理解しようとせず，まずは簡単そうな営業所の内容を理解しましょう。
　以下は，営業所部分の抜粋です。VRFに対応するインタフェースとIPアドレス情報が記載されています。

拠点	機器名	VRF識別子	インタフェース	IPアドレス	サブネットマスク	接続先
営業所	IPsec ルータ	65000:1	INT-IF [1]	w.x.y.z [4]	（省略）	ISPのルータ
		65000:2	LAN-IF [2]	172.17.1.1	255.255.255.0	L2SW
			トンネルIF	（省略）	（省略）	本社のIPsecルータ

　ここにあるように，VRF1には，WANのIFが所属し，VRF2には，LANのIFとIPsecのトンネルIFが所属しています。

 全然わかりません。

　ですよね（苦笑）。まだよくわからないと思いますが，次の表のあとで，もう少し詳しく解説します。
　また，注4は，設問1（5）のヒントです。

表2　ネットワーク機器に設定している VRF と経路情報（抜粋）

拠点	機器名	VRF識別子	宛先ネットワーク	ネクストホップとなる装置又はインタフェース	経路制御方式
本社	FW	―	0.0.0.0/0	ISP のルータ	静的経路制御
			172.17.1.0/24（営業所の LAN）	本社の L3SW	動的経路制御
	IPsecルータ	65000:1	0.0.0.0/0	ISP のルータ	静的経路制御
		65000:2	0.0.0.0/0	b	動的経路制御
			172.17.1.0/24（営業所の LAN）	トンネル IF	c
営業所	IPsecルータ	65000:1	0.0.0.0/0	ISP のルータ	静的経路制御
		65000:2	0.0.0.0/0	トンネル IF	d

　細かい話をする前に，今回のVRFの全体像を説明します。VRFは仮想的な
ルーティングで，今回は2つのルーティングが混在しています。なので，ま
ずはVRF1とVRF2を切り離して別々に考えましょう。

　まず，VRF1はIPsecを構築するためのWANのルーティングです。VRF1
だけを切り離すと以下のようになります。

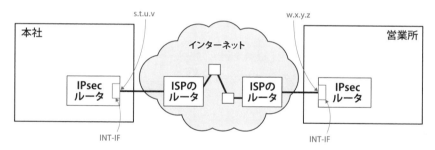

■VRF1のルーティング

　続いて，VRF2ですが，こちらは，VRF1を使ってIPsecによって本社と営
業所が結ばれたあとのネットワークです。図にすると次ページのようになり
ます。

第2章
過去問解説
令和4年度 午後Ⅰ
問2
問題
問題解説
設問解説

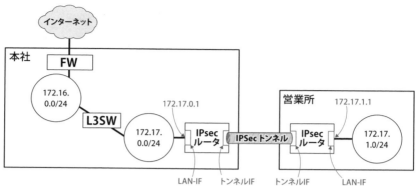

■VRF2のルーティング

N社のネットワーク機器に設定している<u>経路制御</u>を，次に示す。
- 本社のFW，L3SW及びIPsecルータには，OSPF による経路制御を稼働させるための設定を行っている。
- 本社のFWには，OSPFにデフォルトルートを配布する設定を行っている。

VRFは一旦忘れてもらって，経路制御（＝ルーティング）についてです。

なぜ OSPF を使うのですか？

OSPFを使うほど複雑なネットワークではないので，静的経路で実装しても問題ありません。ここでも，VRFと同様に（かわかりませんが），設問のためにOSPFを使っていると考えましょう。

- <u>②本社のIPsecルータには，営業所のIPsecルータとIPsec VPNを確立するために，静的なデフォルトルートを設定している。</u>
- 本社及び営業所のIPsecルータには，営業所のPCが通信するパケットをIPsec VPNを介して転送するために，トンネルIFをネクストホップとした静的経路を設定している。
- 本社のIPsecルータには，OSPFに<u>③静的経路</u>を再配布する設定を行っ

ている。

　経路制御に関する説明が記載されています。細かく書かれていますが，設問1（3）を解くためのヒントと考えてください。

　下線②は設問1（5）で，下線③は設問1（6）で解説します。

〔新規ネットワークの検討〕

　Q社のPaaS及びSGWサービスの導入は，N社の情報システム部のR主任が担当することになった。R主任が考えた新規ネットワーク構成と通信の流れを図2に示す。

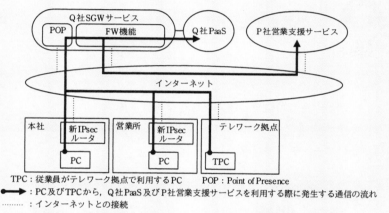

TPC：従業員がテレワーク拠点で利用するPC　POP：Point of Presence
➡：PC及びTPCから，Q社PaaS及びP社営業支援サービスを利用する際に発生する通信の流れ
⋯⋯⋯：インターネットとの接続

図2　R主任が考えた新規ネットワーク構成と通信の流れ（抜粋）

　さて，ここからは新しいネットワークです。これまでのVRFとOSPFは忘れてください。

　R主任が考えた新規ネットワーク構成の概要を次に示す。
・本社のサーバ上で稼働するシステムを，Q社PaaSへ移行する。

　冒頭に記載がありましたように，クラウドサービスに移行します。

第2章
過去問解説
令和4年度
午後I
問2
問題
問題解説
設問解説

- Q社SGWサービスを利用するために，本社及び営業所に導入する新IPsecルータ，並びにTPCは，Q社SGWサービスのPOPという接続点にトンネルモードのIPsec VPNを用いて接続する。

POP（Point of Presence）とはSGWサービスに接続する際の最寄りの接続点です。たとえば，Cato Networks社のサービスの場合，東京，大阪だけではなく，世界に70か所以上のPOPがあります（2022年8月時点）。もちろん，国内拠点であれば，海外のPOPに接続するよりも国内のPOPに接続するほうが，遅延等が少なくなります。

> TPC（テレワーク用のPC）にVPNの設定ですか。
> 設定が大変そうです。

VPNの設定は設定項目が多いので，それを全部のPCで実施するのは大変です。ですが，多くの場合，PCにSGWサービスのエージェントソフトを入れると，そのソフトが自動でVPNの処理を行ってくれます。利用者がVPNの設定を行うことはありません。

- PC及びTPCからP社営業支援サービス宛てのパケットは，Q社SGWサービスのPOPとFW機能及びインターネットを経由してP社営業支援サービスに送信される。
- Q社SGWサービスのFW機能は，パケットフィルタリングによるアクセス制御と，NAPTによるIPアドレスの変換を行う。

ここでの通信の流れは，図2の矢印のとおりです。

> Q社のサービスの中のネットワークはどのように
> なっていますか？

たとえば，FWには物理的にいくつのインタフェースがあるとか，IPアドレスやセグメント設計はどうなっているか，という質問ですよね。クラウドサービスの場合，細かな設定はブラックボックス化されているので，わかりません。この問題に限らず，クラウドの場合は，細かなネットワーク設計を考慮する必要がありません。

> R主任は，POPとの接続に利用するIPsec VPNについて，検討した。
> IPsec VPNには，IKEバージョン2と，ESPのプロトコルを用いる。

ここではSGWを忘れてください。IPsec技術そのものについて問われています。

IPsecの通信では二つのプロトコルを使います。一つはIKE（Internet Key Exchange）で，暗号化するための鍵を交換するプロトコルです。今回は，IKEv1ではなくIKEv2を使います。もう一つのプロトコルは，作成した鍵を使い実際に暗号化通信をするためのプロトコルのESP（Encapsulating Security Payload）です。ESP以外にはAHというプロトコルもありますが，AHはほぼ使いません。

さて，IKEv2に関しては，ネットワークスペシャリスト試験では初めて問われました。IKEv1と比べて，新しく機能が増えたというより，異機種間の相互接続性を意識して単純化された仕組みといえます。違いはいくつかありますが，たとえば，IKEv1のような「メインモード」，「アグレッシブモード」の区別はなくなりました（とはいえ，片方が動的IPアドレスでもIPsecを構築することは可能です）。

また，シーケンスも変更されていますが，このあとの問題文で解説します。

> 新IPsecルータ及びTPCとPOPは，IKE SAを確立するために必要な，暗号化アルゴリズム，疑似ランダム関数，完全性アルゴリズム及びDiffie-Hellmanグループ番号を，ネゴシエーションして決定し，IKE SAを確立する。次に，新IPsecルータ及びTPCとPOPは，認証及びChild SAを確立するために必要な情報を，IKE SAを介してネゴシエーションして決定し，Child SAを確立する。

以下，IKEv1 と IKEv2 のシーケンスの違いです。

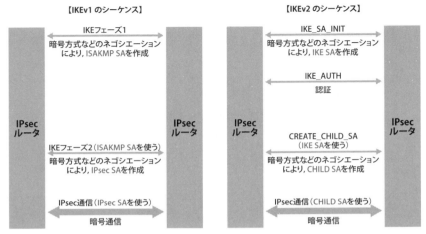

■IKEv1とIKEv2のシーケンスの違い

IKEv2 になって，シーケンスが複雑になったのですね。

　そう見えるかもしれませんが，実際には違います。IKEv2 になって，やり
とりするパケット数が大幅に減ってシンプルになっています。
　では，上記のシーケンスに関して補足します。IKEv1 では，ISAKMP SA
と IPsec SA の二つの SA を作りました。SA（Security Association）とは，論
理的な通信路ですが，TCP でいうセッションみたいなものと考えればいい
でしょう。一方，IKEv2 では，IKE SA と Child SA の二つを作ります。また，
IKEv2 では IKE_AUTH というのがありますが，送信元偽装などを防ぐための
認証機能です。あまり深入りせず，「ふーん，そうなんだ」くらいに考えて
ください。

IKE SA = ISAKMP SA，Child SA = IPsec SA と
考えていいですか？

IKEv1とIKEv2では内容が大きく変更になっているので、厳密には違います。ですが、試験でRFCレベルの細かいところは問われません。シンプルに理解するために、そう考えてもいいでしょう。

> 新IPsecルータ及びTPCは、IPsec VPNを介して転送する必要があるパケットを、長さを調整するESPトレーラを付加して ▢ e ▢ 化する。次に、新しい ▢ f ▢ ヘッダと、▢ g ▢ SAを識別するためのESPヘッダ及びESP認証データを付加して、POP宛てに送信する。

ESPトレーラとは、パケットの長さを調整するためのパディング（詰め物）です。また、ESP認証データとは、パケットが改ざんされていないかを確認するための情報です。

ではここで、PCから送られたPOP宛てへのパケット（最終到達先はQ社PaaS宛て）が、IPsecによる暗号でどう変化するか考えてみましょう。

第2章
令和4年度 過去問解説
午後I
問2
問題
問題解説
設問解説

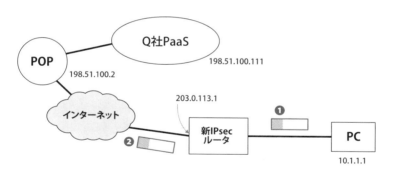

■ **PCからPOPへのパケットの変化**

Q. 上図の❶と❷のパケットを、可能な限り詳しく書け。ただし、PCからの通信はHTTPS通信とする。

A. 正解は以下のとおりです。

❶のパケット

送信元 IPアドレス	宛先 IPアドレス	プロトコル	宛先 ポート番号	データ
10.1.1.1	198.51.100.111	TCP	443	こんにちは

❷のパケット

送信元 IPアドレス	宛先 IPアドレス	ESP ヘッダ	暗号化	ESP トレーラ	ESP 認証 データ
203.0.113.1	198.51.100.2				

◀——— IPヘッダ ———▶

❷のパケットは，問題文の解説にあるとおりです。元のパケットにESP
トレーラを付加し，IPヘッダとESPヘッダおよびESP認証データを付加し
ます。

空欄e～gは，設問2（1）で解説します。

> R主任は，IPsec VPNの構成に用いるパラメータについて，現行の設計
> と比較検討した。検討したパラメータのうち，鍵の生成に用いるアルゴリ
> ズムと [h] を定めているDiffie-Hellmanグループ番号には，現行
> では1を用いているが，POPとの接続では1よりも [h] の長い14
> を用いた方が良いと考えた。

Diffie-Hellman（DH）は，DiffieさんとHellmanさんが考案した暗号鍵の
鍵交換の仕組みです。インターネットという誰もが盗聴可能な環境において，
皆がいる前で通信をする二人だけの秘密の鍵を交換（というか共有）できま
す。余談ですが，この方式の仕組みを知ったとき，私は感動してしまいまし
た。なんと素晴らしい方法なんだと。

さて，Diffie-Hellmanグループ番号ですが，問題文にあるように，鍵の生
成に用いるアルゴリズムと [h] によって複数のグループに分けられ
ています。覚える必要はありませんが，アルゴリズムとしては，モジュラー
指数と楕円曲線グループがあります。空欄hは，設問2（1）で解説します。

〔接続テスト〕

　Q社のPaaS及びSGWサービスの導入を検討するに当たって，Q社からテスト環境を提供してもらい，本社，営業所及びテレワーク拠点から，Q社PaaS及びP社営業支援サービスを利用する接続テストを行うことになった。

　さて，問題文はあと少しです。もうちょっとだけ頑張りましょう。内容は接続テストなので，比較的読みやすいと思います。

　R主任は，接続テストを行う準備として，P社営業支援サービスに設定しているアクセス制御を変更する必要があると考えた。P社営業支援サービスへの接続を許可するIPアドレスには，Q社SGWサービスのFW機能でのNAPTのために，Q社SGWサービスから割当てを受けた固定のグローバルIPアドレスを設定する。R主任は，Q社SGWサービスがN社以外にも提供されていると考えて，④NAPTのためにQ社SGWサービスから割当てを受けたグローバルIPアドレスのサービス仕様を，Q社に確認した。

　現在，どんなアクセス制御をしていたかというと，問題文に「P社営業支援サービスでは，①特定のIPアドレスから送信されたパケットだけを許可するアクセス制御を設定して，本社のFWを経由しない経路からの接続を制限している」とあります。

　今回の新ネットワークにより，P社営業支援サービスへの経路が変更になります。そのため，アクセス制御を変更します。詳しくは，設問3（1）で解説します。

　テスト環境を構築したR主任は，Q社PaaS及び⑤P社営業支援サービスの応答時間の測定を確認項目の一つとして，接続テストを実施した。

　「応答時間」は，文字どおり「応答」が返ってくるまでの「時間」です。新規ネットワークによる構成変更により応答時間が遅くなると，業務に影響が出ます。

応答時間というか，レスポンスが悪いとイラっとします。

　はい，なので，そうなっていないかを接続テストで確認します。下線⑤は設問3（2）で解説します。

　R主任は，N社の幹部に接続テストの結果に問題がなかったことを報告し，Q社のPaaS及びSGWサービスの導入が承認された。

　問題文の解説は以上です。

設問の解説

設問1

設問1 〔現行のネットワーク構成〕について，(1) ～ (6) に答えよ。

(1) 本文中の下線①のIPアドレスを，表1中のIPアドレスで答えよ。

問題文の該当部分は以下のとおりです。

- P社営業支援サービスでは，①特定のIPアドレスから送信されたパケットだけを許可するアクセス制御を設定して，本社のFWを経由しない経路からの接続を制限している。

また，その前の問題文にFWでは「NAPTによるIPアドレスの変換を行う」とあります。よって，本社からP社営業支援サービスへのパケットは，FWのWAN側のIPアドレスが送信元IPアドレスになります。

特定のIPアドレスとは，表1のFWのINT-IFのIPアドレスである「a.b.c.d」です。※p.104の図も参考にしてください。

解答	a.b.c.d

では，より理解するために，NAPT前後での具体的なパケットと，NAPTテーブルを書いてみましょう。

Q. 本社PC（172.16.1.10/24）からFWに向けたパケット（次ページの図❶）のIPヘッダ（ポート番号含む）と，FWからP社営業支援サービス（198.51.100.111）に向けたパケット（❷）のIPヘッダ（ポート番号含む）をそれぞれ書け。ただし，ポート番号は任意でよい。また，NAPTテーブル（❸）も記載せよ。

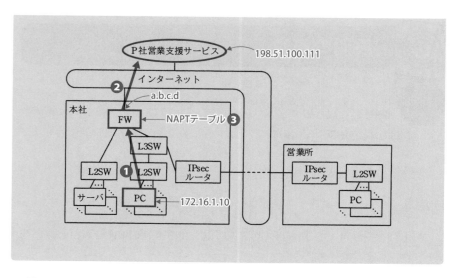

A.

❶ PCからFWに向けたパケット

送信元 IPアドレス	宛先 IPアドレス	プロトコル	送信元 ポート番号	宛先 ポート番号	データ
172.16.1.10	198.51.100.111	TCP	10001	443	（省略）

変換　　　　　　　　　　　　　　　　　　　変換

❷ FWからP社営業支援サービスに向けたパケット

送信元 IPアドレス	宛先 IPアドレス	プロトコル	送信元 ポート番号	宛先 ポート番号	データ
a.b.c.d	198.51.100.111	TCP	27001	443	（省略）

❸ NAPTテーブル

機器によってはポート番号を変換しないものもありますが，以下のように
IPアドレスとポートの対応を管理します。

変換前		変換後	
IPアドレス	ポート番号	IPアドレス	ポート番号
172.16.1.10	10001	a.b.c.d	27001

第2章
過去問解説
令和4年度
午後I
問2
問題
問題解説
設問解説

設問1

(2) 本文中の　　a　　に入れる適切な字句を答えよ。

問題文の該当部分は以下のとおりです。

VRF（Virtual Routing and Forwarding）を利用して二つの　　a　　テーブルを保持し，経路情報をVRFの識別子（以下，VRF識別子という）によって識別する。

VRFは，一つのルータの中に仮想的に複数のルータをもたせる機能です。VRFという言葉には「Routing」の文字が含まれ，問題文には「経路情報」という言葉があるので，難しくなかったことでしょう。正解は「ルーティング」です。

解答 ルーティング

設問1

(3) 表2中の　　b　　～　　d　　に入れる適切な字句を，表2中の字句を用いて答えよ。

表2の，設問に関連するVRF2の情報のみを掲載します。

拠点	機器名	宛先ネットワーク	ネクストホップとなる装置又はインタフェース	経路制御方式
本社	FW	0.0.0.0/0	ISP のルータ	静的経路制御
		172.17.1.0/24（営業所の LAN）	本社の L3SW	動的経路制御
	IPsec ルータ	0.0.0.0/0	b	動的経路制御
		172.17.1.0/24（営業所の LAN）	トンネル IF	c
営業所	IPsec ルータ	0.0.0.0/0	トンネル IF	d

こうやって切り出すと，すごく単純な
ルーティングテーブルですね。

　はい，複雑な仕組みは，このように整理して考えるとわかりやすいです。
再掲になりますが，VRF2に関するIPsecによって本社と営業所が結ばれた
あとのネットワーク構成は以下のとおりです。上記のルーティングテーブル
と以下の図を見ながら設問の答えを考えます。

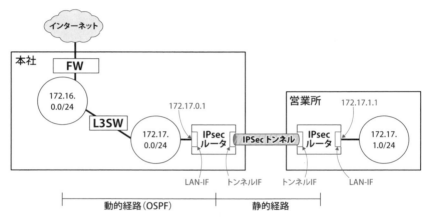

■ 本社と営業所が結ばれたあとのネットワーク構成

空欄b

　本社のIPsecルータのデフォルトルート（0.0.0.0/0）は，左側のインターネッ
トへ抜ける経路です。よって，図を見るとネクストホップはL3SWであるこ
とがわかります。

解答	本社のL3SW

空欄c, d

　IPsecルータのトンネルIFの経路制御方式を答えます。問題文にヒントが
あります。

- 本社及び営業所のIPsecルータには，営業所のPCが通信するパケットをIPsec VPNを介して転送するために，トンネルIFをネクストホップとした静的経路を設定している。

この記述と表2を対比させると，「静的経路制御」が正解です。

> **解答**　空欄c：**静的経路制御**　　空欄d：**静的経路制御**

設問1

(4) "本社のIPsecルータ" が，営業所のPCからP社営業支援サービス宛てのパケットを転送するときに選択する経路は，表2中のどれか。VRF識別子及び宛先ネットワークを答えよ。

「本社のIPsecルータ」とあるので，本社のIPsecルータの経路を表2から抜粋します。

拠点	機器名	VRF識別子	宛先ネットワーク	ネクストホップとなる装置又はインタフェース	経路制御方式
本社	IPsecルータ	65000:1	0.0.0.0/0	ISPのルータ	静的経路制御
		65000:2	0.0.0.0/0	b：本社のL3SW	動的経路制御
			172.17.1.0/24（営業所のLAN）	トンネルIF	c：静的経路制御

VRFの全体像を理解できた人は，迷わなかったと思います。VRF1はIPsecを構築するルーティングで，トンネル確立後のルーティングはVRF2です。設問文の記述から，今回はVRF2から探します。

また，「P社営業支援サービス宛てのパケットを転送」するには，本社のFWを経由してインターネットに接続します。よって，デフォルトルート（0.0.0.0/0）向けの経路を使います。

> **解答**　VRF識別子：**65000:2**　　宛先ネットワーク：**0.0.0.0/0**

(5) 本文中の下線②について，デフォルトルート（宛先ネットワーク 0.0.0.0/0の経路）が必要になる理由を，40字以内で述べよ。

問題文の該当部分は以下のとおりです。

・②本社のIPsecルータには，営業所のIPsecルータとIPsec VPNを確立するために，静的なデフォルトルートを設定している。

「本社のIPsecルータ」における「静的なデフォルトルート」を表2から探すと，以下が該当します。

拠点	機器名	VRF識別子	宛先ネットワーク	ネクストホップとなる装置又はインタフェース	経路制御方式
本社	IPsecルータ	65000:1	0.0.0.0/0	ISPのルータ	静的経路制御

再掲になりますが,VRF1に関するネットワーク構成図は以下のとおりです。

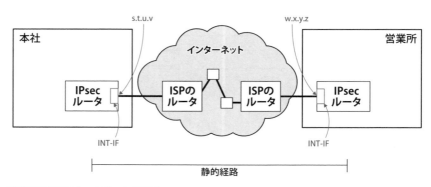

■VRF1に関するネットワーク構成図

設問で問われている「デフォルトルート（宛先ネットワーク 0.0.0.0/0の経路）が必要になる理由」を考えます。

設問の意味がわかりません。インターネットに接続するには，デフォルトルートは必要だから，当たり前では？

確かに設問の意図を汲みにくい問題でした。でも，「インターネットに接続するには，デフォルトルートが必要だから」では正解になりません。なぜかというと，本社と営業所のIPsecルータでは，Yahoo!やGoogleなどのありとあらゆるインターネットに接続する必要はなく，IPsecさえ構築できればいいのです。つまり，本社からすると，デフォルトルート（0.0.0.0/0）ではなく，w.x.y.z宛てのルーティングだけでも通信できます。なぜ，w.x.y.z宛てのルーティングではダメなのかが問われています。

ヒントは，表1の以下の部分です。

注4) w.x.y.zは，ISPから割り当てられた動的なグローバルIPアドレスである。

これがヒントだとわかる人はいるのですか？

はい，いると思います。これを作問者が用意したヒントと見分けられるかは，訓練が必要です。問題文は（基本的に）無駄なく構成されています。これがヒントではないのであれば，わざわざ注3で「a.b.c.d及びs.t.u.vは，固定のグローバルIPアドレス」と書かずに，注3と4をまとめて，「a.b.c.d及びs.t.u.v及びw.x.y.zはグローバルIPアドレス」と書くことでしょう。

動的IPアドレスだから，毎回IPアドレスが変化します。よって，w.x.y.z宛てのルーティングだけでは不適切で，0.0.0.0/0のデフォルトルートが必要です。

答案の書き方ですが，問題文の字句を，なるべくそのまま使いましょう。そのほうが作問者が用意した正答に近づく確率が高くなります。

具体的には，「営業所のIPsecルータ」「ISPから割り当てられた動的なグローバルIPアドレス」を切り取って組み立てます。設問では「理由」が問われ

第2章
令和4年度
過去問解説
午後Ⅰ
問2
問題
問題解説
設問解説

ているので，文末を「から」で終えます。

> **解答例** ISPが割り当てる営業所のIPsecルータのIPアドレスが動的だから
> （34字）

設問1

（6）本文中の下線③の宛先ネットワークを，表2中の字句を用いて答えよ。

問題文には，「本社のIPsecルータには，OSPFに③静的経路を再配布する
設定を行っている」とあります。

この問題は，「表2中の字句を用いて答えよ」とあります。表2中の宛先
ネットワークは，実は「0.0.0.0/0」と「172.17.1.0/24」の二つしかありません。
つまり，2択問題でした。

では，正解を考えます。再配布する宛先ネットワークを答えますが，すで
に記載したVRF2に関するネットワーク構成図（再掲）を見ましょう。

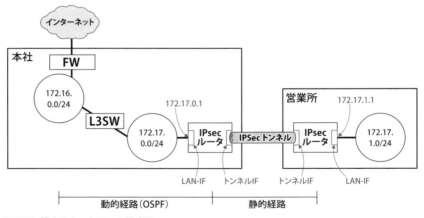

■**VRF2に関するネットワーク構成図**

FWやL3SWでは，172.17.1.0/24の経路情報を知らないので，本社から営
業所への通信ができません。そこで，本社のIPsecルータでは，営業所の
172.17.1.0/24の経路情報を，動的経路であるOSPFに再配布します。

設問2

〔新規ネットワークの検討〕について，（1），（2）に答えよ。

（1）本文中の　　e　　～　　h　　に入れる適切な字句を答えよ。

空欄e, f, g

問題文の該当部分は以下のとおりです。

> 新 IPsec ルータ及び TPC は，IPsec VPN を介して転送する必要がある
> パケットを，長さを調整する ESP トレーラを付加して　　e　　化する。
> 次に，新しい　　f　　ヘッダと，　　g　　SA を識別するための
> ESP ヘッダ及び ESP 認証データを付加して，POP 宛てに送信する。

【空欄e】

> 空欄 e は，IPsec なので，「カプセル化」でしょうか？

IPsec に関して，「化」が付く用語は，「カプセル化」か「暗号化」くらいです。
ただ，カプセル化は新しいヘッダを付けることです。今回，新しいヘッダを
付けるのはその後ろの記述（「ESP ヘッダ及び ESP 認証デーを付加」の部分）
です。単純ですが，ESP によって暗号化しているので，「暗号化」です。

> **解答**　暗号

【空欄f】

空欄 f ですが，「ヘッダ」と付く用語には何がありますか？

問題文には「ESPヘッダ」という記載がありますね。
他には,「IPヘッダ」や「TCPヘッダ」でしょうか。

　はい,フレーム構造（パケット構造）およびレイヤで考えるとわかりやすいと思います。レイヤ2がイーサネットヘッダ,レイヤ3がIPヘッダ,レイヤ4がTCPヘッダやUDPです。ESPもレイヤ3です。なので,答えがわからない場合は,これらの知識から,もっとも正解らしきものを当てはめるようにしましょう。この三択であれば,「IP」と正解できたと思います。

　再掲ですが,今回のパケット構造を記載します。IPアドレスを含むIPヘッダを付与している様子がわかります。

❶PCから出されるパケット

送信元 IPアドレス	宛先 IPアドレス	プロトコル	宛先 ポート番号	データ
10.1.1.1	198.51.100.111	TCP	443	こんにちは

❷IPSec VPNを介して転送するパケット

送信元 IPアドレス	宛先 IPアドレス	ESP ヘッダ	暗号化	ESP トレーラ	ESP 認証 データ
203.0.113.1	198.51.100.2				

←──── IPヘッダ ────→

■パケット構造

> **解答**　IP

空欄g

　問題文に「　　g　　SAを識別するためのESPヘッダ〜」とあります。SAには,暗号方式などのネゴシエーションをするためのIKEで利用するSAであるIKE SAと,実際のESPによるIPsec通信をするためのSAであるChild SAがあります。

今回はESPの話をしているので，Child SAが正解です。

解答 Child

空欄h

問題文の該当部分は以下のとおりです。

> 検討したパラメータのうち，鍵の生成に用いるアルゴリズムと ⬚h⬚ を定めているDiffie-Hellmanグループ番号には，現行では1を用いているが，POPとの接続では1よりも ⬚h⬚ の長い14を用いた方が良いと考えた。

　Diffie-Hellmanを知らなくても，暗号に関する基礎知識があれば解けた問題です。Diffie-Hellman（DH）は，問題文で述べたように，暗号鍵の鍵交換の仕組みです。暗号に関して定めることは何か？ と考えてみましょう。すると，「アルゴリズム」と「鍵長」と想像がついた人が多かったのではないでしょうか。二つめの空欄hには，「長い」というヒントがあるので，長さに関する字句だとわかります。

解答 鍵長

設問2

　（2）POPとのIPsec VPNを確立できない場合に，失敗しているネゴシエーションを特定するためには，何の状態を確認するべきか。本文中の字句を用いて二つ答えよ。

　問題文でも解説しましたが，IKEv2のシーケンスでは，IKE SAとChild SAの二つのSAを作ります。なので，それぞれのSAが作成されているかを順番に確認すれば，どこで失敗しているかの原因がつかめます。実際，IPsecがうまく確立できない場合，IKEv1のときであれば，フェーズ1とフェーズ2

のどこで失敗したかをログで見たことがある人もいるのではないでしょうか。

【IKEv2のシーケンス】

IKE_SA_INIT
暗号方式などのネゴシエーション
により, IKE SAを作成

IKE_AUTH
認証

IPsec
ルータ

IPsec
ルータ

CREATE_CHILD_SA
(IKE SAを使う)
暗号方式などのネゴシエーション
により, CHILD SAを作成

IPsec通信(CHILD SAを使う)
暗号通信

■ IKEv2のシーケンス

これ, IPsec の構築経験がないと解けませんよね。

　いや, そんなことはありません。すごく簡単な問題だったと思います。な
ぜなら, 設問に「本文中の字句を用いて二つ答えよ」とあります。IPsec
VPNの確立に関するキーワードを問題文から探してみてください。「IKE
SA」と「Child SA」しかありません。

解答	・IKE SA　　　・Child SA

設問3

　　〔接続テスト〕について, (1), (2) に答えよ。
(1) 本文中の下線④について, 情報セキュリティの観点でR主任が確認し
　　た内容を, 20字以内で答えよ。

問題文の該当部分は以下のとおりです。

> R主任は，Q社SGWサービスがN社以外にも提供されていると考えて，④NAPTのためにQ社SGWサービスから割当てを受けたグローバルIPアドレスのサービス仕様を，Q社に確認した。

これは難しかったと思います。

はい，さっぱりわかりません。
IPアドレスに仕様なんてあるのでしょうか。

第2章 過去問解説
令和4年度 午後Ⅰ
問2
問題
問題解説
設問解説

答えの見当がつきませんよね。こういうときはどうするんでしたか？ そうです。答えに迷ったら問題文に戻りましょう。
ヒントは下線④の直前にある「N社以外にも提供されている」の部分です。もともと，「P社営業支援サービスでは，（中略）本社のFWを経由しない経路からの接続を制限」していました。それは，第三者による不正な接続を防ぐためです。今回，Q社SGWサービスから割当てを受けたグローバルIPアドレスが，N社以外にも提供されていたらどうなるでしょう。N社以外からの不正接続のリスクがあります。その点を記載します。

> **解答例** N社専用のIPアドレスであること（16字）

この解答を見ると，たしかに「IPアドレスのサービス仕様」に関する内容になっています。

設問3

(2) 本文中の下線⑤について，P社営業支援サービスの応答時間が，現行よりも長くなると考えられる要因を30字以内で答えよ。

問題文の該当部分は次のとおりです。

テスト環境を構築したR主任は，Q社PaaS及び⑤P社営業支援サービスの応答時間の測定を確認項目の一つとして，接続テストを実施した。

　新規ネットワークによって，設問文にあるように，応答時間が長くなると考えられました。その理由はなんでしょうか。

> ネットワークが変わったからですよね。
> それか，IPsecによる通信遅延でしょうか。

　はい，そうです。でも，IPsecだけが原因ではありません。図1と図2を見比べてください。新規ネットワークでは，Q社のSGWサービスを経由します。ホップ数も増えますし，クラウドサービスなのでQ社以外の契約者がたくさん使っているとN社の通信に影響が出て遅延するかもしれません。だから，遅くなる懸念があるのは当然だと思います。

　ここまではなんとなくイメージがわくと思います。では，どう書くかです。これ，結構難しいです。ただ，文字数が30字とそれほど長くありませんから，詳細な記述は求められません。迷ったら，問題文の字句をそのまま使い，「現行とは異なり，Q社のSGWサービスを経由する点」などとシンプルに書きましょう。「遅延」というキーワードはありませんが，部分点はもらえたことでしょう。

解答例	Q社SGWサービスの経由によって発生する遅延（22字）

　『タッチ』など数々の名作を生み出してきた, 漫画家のあだち充さん。私はあだち先生の作品はほとんど読破している（かつ, それぞれ10回以上読んでいる）。たくさんの好きな漫画があるが, 私の一押しに『みゆき』がある。「みゆき」ちゃんは, この漫画の主人公の高校生で, 若松真人くんの血のつながらない妹。お兄ちゃんを映画に誘うほど「お兄ちゃん子」であり, とっても可愛い。『あだち充本』（小学館）によると,「当時のちょっと背伸びしたい読者が欲しいものって何だろう」「妹じゃないか」というところから企画がスタートしたらしい。

　ここに登場する「みゆき」ちゃんのような可愛い妹を欲しいと思う男子がいるのと同時に, かっこいい「お兄ちゃん」が欲しい女子もいると思う（実際, そんな話はよく聞く）。

　論理飛躍して恐縮ではあるが,「仕事ができる SE」というのは, 若手からすると,「かっこいいお兄ちゃん」みたいな存在ではないか。実際, 私も, できる先輩SEには助けてもらったとき, 同性からみても「かっこいい」と思った。頼れるし, 困ったときには泣きついたこともある。

　もちろん, 私も, 若手から仕事を頼まれるときは, かっこいいお兄ちゃんとして, 親身になってアドバイスをした（特に女性のときは, 頼られるとやはりうれしい（笑））。

　ただ, かっこいいお兄ちゃんになるには, 仕事ができること, そして, 信頼される人物であることが大事だ。常に勉強し, みんなよりも知識を蓄えることが大前提。そして, 妹や弟に寄り添って, 彼らがどんなことでつまずいているのか理解する必要がある。簡単な役割ではない。

　「できる SE」であり,「かっこいいお兄ちゃん」であることは,「お金」や「地位」「名誉」などにも代えがたい,「愛情」を感じることができる役割ではないだろうか。

設問			IPA の解答例・解答の要点		予想配点
設問 1	(1)		a.b.c.d		3
	(2)	a	ルーティング		3
	(3)	b	本社の L3SW		2
		c	静的経路制御		2
		d	静的経路制御		2
	(4)	VRF 識別子		65000:2	2
		宛先ネットワーク		0.0.0.0/0	2
	(5)		ISP が割り当てる営業所の IPsec ルータの IP アドレスが動的だから		6
	(6)		172.17.1.0/24 　または　 営業所の LAN		3
設問 2	(1)	e	暗号		3
		f	IP		3
		g	Child		3
		h	鍵長		3
	(2)	①	・IKE SA		2
		②	・Child SA		2
設問 3	(1)		N 社専用の IP アドレスであること		4
	(2)		Q 社 SGW サービスの経由によって発生する遅延		5
				合計	50

※予想配点は著者による

　クラウドサービスの利用が増加し，また，テレワーク環境を導入するに当たり，現行のネットワーク構成を変更して，セキュアゲートウェイサービスを導入する企業が増えている。利用形態に応じた情報セキュリティ対策は，多くの企業において重要な課題である。このような状況を基に，本問では，セキュアゲートウェイサービスの導入を事例に取り上げ，IPsec VPN を利用した接続，及びセキュアゲートウェイサービス導入後の通信制御を解説した。

　VRF を用いたネットワーク設計と，IPsec VPN の設計・構築，セキュアゲートウェイサービス導入後の通信制御を題材に，受験者が修得した技術・経験が，ネットワーク及び情報セキュリティの設計・構築の実務で活用できる水準かどうかを問う。

　問2では，セキュアゲートウェイサービスの導入を題材に，VRF を用いたネットワー

s.h さんの解答	正誤	予想採点	ぶるぽんさんの解答	正誤	予想採点
a.b.c.d	○	3	a.b.c.d	○	3
ルーティング	○	3	ルーティング	○	3
本社の L3SW	○	2	本社の L3SW	○	2
静的経路制御	○	2	動的経路制御	×	0
静的経路制御	○	2	静的経路制御	○	2
65000:1	×	0	65000:2	○	2
0.0.0.0/0	○	2	0.0.0.0/0	○	2
営業所の IPSec ルータが動的なグローバル IP アドレスだから	○	6	営業所の IPsec ルータの INT-IF の IP アドレスは固定されていないため	○	6
172.17.1.0/24	○	3	172.17.1.0/24	○	3
カプセル	×	0	カプセル	×	0
IP	○	3	IP	○	3
Child	○	3	Child	○	3
完全性アルゴリズム	×	0	メッセージ認証符号長	×	0
・IKE SA	○	2	・Deffie-Hellman グループ番号	×	0
・Child SA	○	2	・暗号化アルゴリズム	×	0
グローバル IP アドレスは他社と共用するか	○	4	他社と IP アドレスを共用しているか否か	○	4
経路途中に Q 社 SGW サービスが入る点	○	5	SWG サービスは N 社以外の他社も利用しているため	×	0
予想点合計		42	予想点合計		33

ク設計，IPsec VPN，IKEv2及びESPについての知識，セキュアゲートウェイサービスとの接続について出題した。全体として正答率は平均的であった。

　設問1（5）は，正答率が低かった。営業所のIPsecルータにはISPから動的なグローバルIPアドレスが割り当てられるので，インターネットに接続するインタフェースのIPアドレスが変わる可能性がある。本文中に明記されているので，読み取ってほしい。

　設問2（1）は，正答率がやや低かった。IPsecの用語やVPN確立までの動作について出題した。IPsec VPNを利用する場合は，IKEのバージョンやDiffie-Hellmanグループ番号などを選択できるので，正しく理解してほしい。

　設問3(2)は，正答率がやや高かった。セキュアゲートウェイサービスを経由しており，経路が長くなったり，サービス内で遅延が発生したりする可能性があることを，理解できていることがうかがわれた。

※出典はp.91と同様，IPA発表の解答例，採点講評より。

「イケメンは世界を救う!」

　これは，私の中学時代の友人が，みんなで一緒にご飯を食べているときに笑顔で発した言葉。韓流アイドルの写真をスマホの待ち受けにして，それを見てはニヤニヤと喜んでる。口から出る話題も韓流アイドルのことばかり。もちろん，私の同級生なので，白馬の王子様が迎えにきてくれることを待ちわびる年齢ではない。

　そんな彼女の姿を見て，いろいろと突っ込みたくなった。

「いい年して」

「もっと落ち着いたら?」

「イケメンだったら悪いことをしてもなんでも許される?」

「俺たちのようなイケメンじゃない男の存在意義は?」などなど。

　後半二つは，彼女へのツッコミと言うより，イケメンへの妬みもある（笑）。

　でも，ふと我に返ると，そんな指摘をする自分が間違っていると思えてきた。彼女は写真を見て，すごく，すごーく幸せな気分になっている。もちろん犯罪でもないし，誰かに迷惑をかけるわけでもない。グッズなどは（おそらく大量に）買いこんでいるだろうが，「イケメンは世界を救う」と発するくらいに人生を楽しんでいる。聞くと，仕事や家庭でツライことやうまくいかないこともたくさんあるとのこと。（まあ，いろいろありますわ。本当に）

　私の場合，嫌なことがあったら酒をたくさん飲むばかりで，しかもなにも解決しない。それに比べたら，何倍も優れた人生の楽しみ方だ。

　彼女が根っからのイケメン好きなのか，人生を楽しもうとしているだけなのかはわからない。ただ，彼女の楽しそうな笑顔を見ていると，人生を楽しむことって意外に単純なことかもしれないと思った。

令和4年度

午後Ⅰ 問3

問　　題
問題解説
設問解説

問題

問3 シングルサインオンの導入に関する次の記述を読んで，設問1～3に答えよ。

　Y社は，医療機器販売会社であり，都内に本社を構えている。受発注業務システムのサーバ（以下，業務サーバという），営業活動支援システムのサーバ（以下，営業支援サーバという）など，複数のサーバを本社で運用している。

　Y社では，IT活用の推進によって社員が利用するシステムが増加した結果，パスワードの使い回しが広がり，セキュリティリスクが増大した。また，サーバの運用を担当する情報システム部（以下，情シスという）では，アカウント情報の管理作業が増大したことから，アカウント情報管理の一元化が課題になった。

　このような状況から，Y社は，社内のシステムへのシングルサインオン（以下，SSOという）の導入を決定した。情シスのZ課長は，SSOの導入検討を部下のX主任に指示した。

〔ネットワーク構成及び機器の設定と利用形態〕

　最初に，X主任は，本社のネットワーク構成及び機器の設定と利用形態をまとめた。X主任が作成した本社のネットワーク構成を図1に示す。

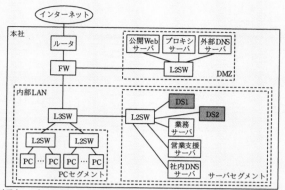

FW：ファイアウォール　L2SW：レイヤ2スイッチ　L3SW：レイヤ3スイッチ　DS：ディレクトリサーバ
注記　網掛け部分は，アカウント情報の一元管理のために，今後導入予定の機器を示す。

図1　本社のネットワーク構成（抜粋）

第2章
令和4年度
過去問解説
午後Ⅰ
問3
問題
問題解説
設問解説

現状の機器の設定と利用形態を次に示す。

（ⅰ）社内DNSサーバは，内部LANのゾーン情報を管理し，内部LAN
以外のゾーンのホストの名前解決要求は，外部DNSサーバに転送する。

（ⅱ）外部DNSサーバは，DMZのゾーン情報の管理及びフルサービスリ
ゾルバの機能をもっている。外部DNSサーバは，社外からの再帰問合
せ要求は受け付けない。一方，社内DNSサーバ及びDMZのサーバから
の再帰問合せ要求は受け付け，再帰問合せ時には，送信元ポート番号の
ランダム化を行う。

（ⅲ）PCには，プロキシ設定でプロキシサーバのFQDNが登録されてい
るが，(a) 業務サーバ及び営業支援サーバへのアクセスは，プロキシサー
バを経由せずWebブラウザから直接行う。

（ⅳ）PCのスタブリゾルバは，社内DNSサーバで名前解決を行う。

（ⅴ）PC，サーバセグメントとDMZのサーバでは，マルウェア対策ソフ
トが稼働している。マルウェア定義ファイルの更新は，プロキシサーバ
経由で行う。

（ⅵ）(b) PCには，L3SWで稼働するDHCPサーバから，PCのIPアドレ
ス，サブネットマスク及びその他のネットワーク情報が付与される。

図1中のFWに設定されている通信を許可するルールを表1に示す。

表1 FW に設定されている通信を許可するルール

項番	アクセス経路	送信元	宛先	プロトコル／ポート番号
1	インターネット→ DMZ	any	ア	TCP/53, イ
2		any	ウ	TCP/443
3	DMZ→インターネット	ア	any	TCP/53, イ
4		エ	オ	TCP/80, TCP/443
5	内部 LAN→DMZ	カ	ア	TCP/53, イ
6		サーバセグメント	プロキシサーバ	TCP/8080 [1]
7		PC セグメント	プロキシサーバ	TCP/8080 [1]

注記 FW は，ステートフルパケットインスペクション機能をもつ。
注 [1] TCP/8080 は，代替 HTTP のポートである。

次に，X主任は，アカウント情報の一元管理をDSによって行い，DSの情報を利用してSSOを実現させることを考え，ケルベロス認証によるSSOについて検討した。

〔ケルベロス認証の概要と通信手順〕

X主任が調査して理解した，ケルベロス認証の概要と通信手順を次に示す。

- ケルベロス認証では，共通鍵暗号による認証及びデータの暗号化を行っている。
- PCとサーバの鍵の管理及びチケットの発行を行う鍵配布センタ（以下，KDCという）が，DSから取得したアカウント情報を基にPC又はサーバの認証を行う。
- KDCが管理するドメインに所属するPCとサーバの鍵は，事前に生成してPC又はサーバに登録するとともに，全てのPCとサーバの鍵をKDCにも登録しておく。
- チケットには，PCの利用者の身分証明書に相当するチケット（以下，TGTという）と，PCの利用者がサーバでの認証を受けるためのチケット（以下，STという）の2種類があり，これらのチケットを利用してSSOが実現できる。
- PCの電源投入後に，利用者がID，パスワード（以下，PWという）を入力してKDCでケルベロス認証を受けると，HTTP over TLSでアクセスする業務サーバや営業支援サーバにも，ケルベロス認証向けのAPIを

利用すればSSOが実現できる。

- KDCは，導入予定のDSで稼働する。

X主任は，内部LANにDSを導入したときの，SSOの動作をまとめた。PCの起動から営業支援サーバアクセスまでの通信手順を図2に示す。

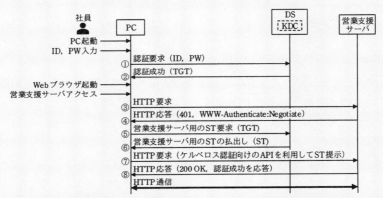

図2　PCの起動から営業支援サーバアクセスまでの通信手順（抜粋）

図2中の，①～⑧の動作の概要を次に示す。

① PCは，DSで稼働するKDCにID，PWを提示して，認証を要求する。

② KDCは，ID，PWが正しい場合にTGTを発行し，PCの鍵で暗号化したTGTをPCに払い出す。PCは，TGTを保管する。

③ 省略

④ 省略

⑤ PCは，KDCにTGTを提示して，営業支援サーバのアクセスに必要なSTの発行を要求する。

⑥ KDCは，TGTを基に，PCの身元情報，セッション鍵などが含まれたSTを発行し，営業支援サーバの鍵でSTを暗号化する。さらに，KDCは，暗号化したSTにセッション鍵などを付加し，全体をPCの鍵で暗号化した情報をPCに払い出す。セッション鍵は，通信相手の正当性の検証などに利用される。

⑦ PCは，全体が暗号化された情報の中からSTを取り出し，ケルベロス認証向けのAPIを利用して，STを営業支援サーバに提示する。

⑧　営業支援サーバは，STの内容を基にPCを認証するとともに，アクセス権限をPCに付与して，HTTP応答を行う。

　TGTとSTには，有効期限が設定されている。(c) PCとサーバ間で，有効期限が正しく判断できていない場合は，有効期限内でも，PCが提示したSTを，サーバが使用不可と判断する可能性があるので，PCとサーバでの対応が必要である。

〔SRVレコードの働きと設定内容〕
　次に，X主任は，ケルベロス認証を導入するときのネットワーク構成について検討した。ケルベロス認証導入時には，DNSのリソースレコードの一つであるSRVレコードの利用が推奨されているので，SRVレコードについて調査した。
　DNSサーバにSRVレコードが登録されていれば，サービス名を問い合わせることによって，当該サービスが稼働するホスト名などの情報が取得できる。
　SRVレコードのフォーマットを図3に示す。

_Service._Proto.Name　TTL　Class　SRV　Priority　Weight　Port　Target

図3　SRVレコードのフォーマット

　X主任は，図1に示したように，内部LANにDSを2台導入して冗長化し，それぞれのDSでケルベロス認証を稼働させる構成を考えた。
　図3中の，Serviceには，ケルベロス認証のサービス名である，kerberosを記述する。Priorityは，同一サービスのSRVレコードが複数登録されている場合に，利用するSRVレコードを判別するための優先度を示す。Priorityが同じ値の場合は，WeightでTargetに記述するホストの使用比率を設定する。Portには，サービスを利用するときのポート番号を記述する。
　X主任は，2台のDSでケルベロス認証を稼働させる場合の，SRVレコードの設定内容を検討した。
　X主任が作成した，ケルベロス認証向けのSRVレコードの内容を図4に示す。ここで，DS1とDS2は，本社に導入予定のDSのホスト名である。

_Service._Proto.Name	TTL	Class	SRV	Priority	Weight	Port	Target
_kerberos._tcp.naibulan.y-sha.jp.	43200	IN	SRV	120	2	88	DS1.naibulan.y-sha.jp.
_kerberos._tcp.naibulan.y-sha.jp.	43200	IN	SRV	120	1	88	DS2.naibulan.y-sha.jp.

図4　ケルベロス認証向けの SRV レコードの内容

　X主任は，調査・検討結果を基にSSOの導入構成案をまとめ，Z課長に提出した。導入構成案が承認され，実施に移されることになった。

設問1　〔ネットワーク構成及び機器の設定と利用形態〕について，（1）～（4）に答えよ。
　（1）本文中の下線（a）の動作を行うために，PCのプロキシ設定で登録すべき内容について，40字以内で述べよ。
　（2）本文中の下線（b）について，（ⅲ）～（ⅴ）の実行を可能とするための，その他のネットワーク情報を二つ答えよ。
　（3）表1中の　　ア　　，　　ウ　　～　　カ　　に入れる字句を，図1又は表1中の字句を用いて答えよ。
　（4）表1中の　　イ　　に入れるプロトコル／ポート番号を答えよ。

設問2　〔ケルベロス認証の概要と通信手順〕について，（1）～（3）に答えよ。
　（1）攻撃者が図2中の②の通信を盗聴して通信データを取得しても，攻撃者は，⑦の通信を正しく行えないので，営業支援サーバを利用することはできない。⑦の通信を正しく行えない理由を，15字以内で述べよ。
　（2）図2中で，ケルベロス認証サービスのポート番号88が用いられる通信を，①～⑧の中から全て選び記号で答えよ。
　（3）本文中の下線（c）の問題を発生させないための，PCとサーバにおける対応策を，20字以内で述べよ。

設問3　〔SRV レコードの働きと設定内容〕について，（1）～（3）に答えよ。
　（1）ケルベロス認証を行うPCが，図4のSRVレコードを利用しない場合，PCに設定しなければならないサーバに関する情報を，25字以内で答えよ。

(2) 図4のSRVレコードが，PCのキャッシュに存在する時間は何分かを答えよ。

(3) 図4の二つのSRVレコードの代わりに，図5の一つのSRVレコードを使った場合，DS1とDS2の負荷分散はDNSラウンドロビンで行わせることになる。図4と同様の比率でDS1とDS2が使用されるようにする場合の，Aレコードの設定内容を，50字以内で述べよ。ここで，DS1のIPアドレスをadd1，DS2のIPアドレスをadd2とする。

_Service._Proto.Name	TTL	Class	SRV	Priority	Weight	Port	Target
_kerberos._tcp.naibulan.y-sha.jp.	43200	IN	SRV	120	1	88	DS.naibulan.y-sha.jp.

図5　変更後の SRV レコードの内容

問3は，ケルベロス認証がテーマです。ネスペ午後試験では初めて扱われたプロトコルなので，戸惑った受験者も多かったことでしょう。採点講評には「全体として正答率は平均的であった」とありますが，やや難しかったと思います。しかし，問題文ではケルベロス認証に関して丁寧に説明されています。また，ファイアウォールやDNSなど，よく扱われるテーマの設問もあり，慌てず丁寧に取り組めば合格基準の60点を突破できたことでしょう。

問3 シングルサインオンの導入に関する次の記述を読んで，設問1～3に答えよ。

Y社は，医療機器販売会社であり，都内に本社を構えている。受発注業務システムのサーバ（以下，業務サーバという），営業活動支援システムのサーバ（以下，営業支援サーバという）など，複数のサーバを本社で運用している。

Y社では，IT活用の推進によって社員が利用するシステムが増加した結果，パスワードの使い回しが広がり，セキュリティリスクが増大した。

私たちが使うシステムの数は非常に多く，それぞれにパスワードを覚えるのは大変です。よって，ついパスワードの使い回し（＝同じパスワードの使用）をしてしいます。パスワードを使い回した場合，そのパスワードが漏えいすると，複数のシステムで不正ログインされる危険があります。

また，サーバの運用を担当する情報システム部（以下，情シスという）では，アカウント情報の管理作業が増大したことから，アカウント情報管理の一元化が課題になった。

アカウント情報の管理って何ですか？

ユーザIDやパスワード，部署名といったユーザアカウントの情報を適切

に管理することです。具体的な作業としては，アカウント情報の追加，変更，削除作業などがあります。

　複数のアカウント情報が一元化されていないと，Y社の場合，業務サーバと営業支援サーバの2箇所にユーザアカウントを登録しなければいけません。両者で所属部署の属性が異なって，どっちが正しいんだろう？ と混乱したり，一方を削除し忘れてアカウントが残り続ける，といった問題も考えられます。このような不便さを解消するために，アカウント情報管理を一元化します。

　　このような状況から，Y社は，社内のシステムへのシングルサインオン（以下，SSOという）の導入を決定した。情シスのZ課長は，SSOの導入検討を部下のX主任に指示した。

　シングルサインオン（SSO：Single Sign-On）は，一度（Single）の認証（Sign-On）で複数のサービスに自動的にログインできる仕組みです。SSOのプロトコルには，情報処理安全確保支援士試験で頻出問題のSAMLやH30年度のネスペ試験に出題されたOAuthなどがありますが，本問ではケルベロス（Kerberos）認証がテーマです。

　SSOでは，アカウント情報を一元管理する専用のサーバを用意します（このあと登場するDSがその役割を担います）。そして，業務サーバや営業支援サーバなどではアカウント情報をもちません。

　では，質問です。

Q. SSOを導入するメリットは何か。Y社の場合で考えよ。

A. 問題文で記載されたとおり，次の問題点を解決できることです。
① （利用者）利便性が高まり，パスワードの使い回しを減らすことができる。
② （情報システム部）アカウント管理の負担を減らすことがきる。

SSO ではパスワードが共通になると思います。パスワードの使い回しと同じようなセキュリティリスクになりませんか？

　そういうリスクがあるともいえます。ただ，本問では導入していませんが，一般的には，SSOで一つのパスワードを運用する場合，二要素認証を組み合わせてパスワード管理を強化します。また，仮にパスワードが漏えいしたとしても，アカウントの凍結やパスワード変更が一元的にできるというメリットもあります。

〔ネットワーク構成及び機器の設定と利用形態〕
　最初に，X主任は，本社のネットワーク構成及び機器の設定と利用形態をまとめた。X主任が作成した本社のネットワーク構成を図1に示す。

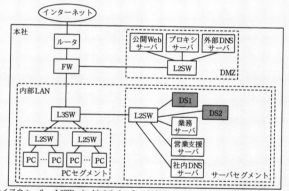

FW：ファイアウォール　L2SW：レイヤ2スイッチ　L3SW：レイヤ3スイッチ　DS：ディレクトリサーバ
注記　網掛け部分は，アカウント情報の一元管理のために，今後導入予定の機器を示す。

図1　本社のネットワーク構成（抜粋）

　本社のネットワーク構成です。FWを中心に，インターネットとDMZと内部LANに分けられます。また，今回はさらに，内部LANをPCセグメントとサーバセグメントに分けています。
　各機器の機能などについては，このあと詳しく解説します。

　現状の機器の設定と利用形態を次に示す。

（ i ） 社内DNSサーバは，内部LANのゾーン情報を管理し，内部LAN以外のゾーンのホストの名前解決要求は，外部DNSサーバに転送する。
（ ii ） 外部DNSサーバは，DMZのゾーン情報の管理及びフルサービスリゾルバの機能をもっている。

DNSサーバは，社内DNSサーバ（内部DNSサーバと呼ぶ場合もあります）と外部DNSサーバに分かれています。

では，用語の確認です。

Q. 「DMZのゾーン情報の管理」をもつDNSサーバと，「フルサービスリゾルバ」の機能をもつDNSサーバを，それぞれ何ということが多いか。

A.

機能	DNSサーバの名前
DMZのゾーン情報の管理	コンテンツDNSサーバ
フルサービスリゾルバの機能	キャッシュDNSサーバ（またはフルリゾルバサーバなど）

つまり，外部DNSサーバは，コンテンツDNSサーバ兼，キャッシュDNSサーバといえます。

次ページの参考解説では，これらの二つのDNSサーバによる名前解決の流れを解説します。このあとの表1でFWの許可ルールが示されますが，名前解決の流れを理解しておくと，設問1（3）が解きやすくなります。

参考 二つの DNS サーバと名前解決の流れ

Y社のDNSサーバを使った名前解決には，以下の三つがあります。
a）Y社のPC（やサーバ）からの名前解決要求
  ・業務サーバなどのY社内部のサーバの名前解決（❶）
  ・Yahoo！などのインターネット上のサーバの名前解決（❷）
b）社外のPC（やサーバ）からY社のサーバの名前解決（❸）

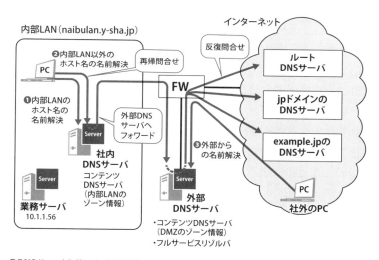

■DNSサーバを使った名前解決

❶Y社内部のサーバの名前解決（例：業務サーバ gyoumu.naibulan.y-sha.jp）

たとえばgyoumu.naibulan.y-sha.jpの名前解決を行う場合，PCは社内DNSサーバに問い合わせます。社内DNSサーバはnaibulan.y-sha.jpドメイン（内部LANのドメイン）のコンテンツサーバなので，自分自身がもつ情報をもとに，10.1.1.56などのIPアドレスをPCに返します。

❷インターネット上のサーバの名前解決（例：www.example.jp）

www.example.jpの名前解決を行う場合，PCはまず社内DNSサーバに問い合わせます（再帰問合せ）。社内DNSサーバは自分自身では名前解決ができず，外部DNSサーバに要求を転送（フォワード）します。外部DNSサーバはフルサービスリゾルバとして，ルートDNSサーバ→jpドメインのDNSサーバ→example.jpのDNSサーバの順に問合せします（反復問合せ）。example.jpから応答を受信した外部DNSサーバは，問合せ元である社内DNSサーバに応答を送信し，社内DNSサーバはPCに応答を送信します。

　外部DNSサーバは，社外からの再帰問合せ要求は受け付けない。

　次は，DNSサーバのセキュリティ設定です。「社外からの再帰問合せ要求」
とは，社外からY社以外のドメインの名前解決要求であり，これに応答しな
いということです。

　社外からの再帰問合せを受け付けてしまうDNSサーバをオープンリゾル
バと呼びます。オープンリゾルバは，DDoS攻撃の踏み台として攻撃者に悪
用されてしまう危険があります。

　対策ですが，外部DNSサーバの設定で，再帰問合せを受け付けるIPアド
レスの範囲を社内に限定します。参考として，DNSの設定ファイル（/etc/
named.conf）を紹介します。

■DNSの設定ファイルの例

```
acl local-nw {
  10.0.0.0/16;                    //local-nwとして10.0.0.0/16を定義
};
options {
  …
  allow-query { local-nw; };      //local-nwからのみ，再帰問合せを受け付ける
  …
};
```

　一方，社内DNSサーバ及びDMZのサーバからの再帰問合せ要求は受け付
け，再帰問合せ時には，送信元ポート番号のランダム化を行う。

　社外からの再帰問合せ要求は受け付けませんが，社内からは受け付ける必
要があります（前ページ図の❷）。そうしないと社内のPCがGoogleなどの
インターネット上のサーバに通信ができないからです。

　送信元ポート番号のランダム化を行うのは，DNSキャッシュポイズニン
グ攻撃の対策のためです。セキュリティ対策として重要で，意味ありげな一

文ですが，設問には直接関係しません。なお，ポート番号のランダム化を含むDNSキャッシュポイズニング対策に関しては，令和元年度午後Ⅱ問2で問われました。

> （ⅲ）PCには，<u>プロキシ設定でプロキシサーバのFQDNが登録</u>されているが，<u>(a) 業務サーバ及び営業支援サーバへのアクセスは，プロキシサーバを経由せずWebブラウザから直接行う。</u>

PCからサーバへのアクセスには，社内の業務サーバや営業支援サーバへのアクセス（下図❶）と，インターネット上のWebサーバへのアクセス（下図❷）の二つがあり，後者（❷）のみがプロキシサーバを経由します。

第2章

令和4年度

過去問解説

午後Ⅰ

問3

問題

問題解説

設問解説

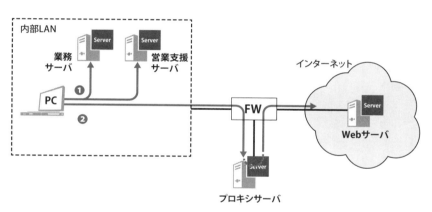

■PCからサーバへのアクセス

設問1（1）では下線（a）について，プロキシサーバを経由せずWebブラウザから直接行うための登録内容が問われます。

> 「プロキシ設定でプロキシサーバの **FQDN** が登録」とありますが，FQDN ではなく IP アドレスでも問題ありませんよね？

はい，問題ありません。なぜ，FQDNとわざわざ書いているのかというと，設問1（2）のヒントだと想定されます。FQDNで設定する場合，PCは，社

内DNSサーバにてプロキシサーバの名前解決ができる必要があります。つまり，PCのネットワーク設定に，DNSサーバの設定が必要ということです（まあ，当たり前のことですが）。

（iv）PCの スタブリゾルバ は，社内DNSサーバで名前解決を行う。

リゾルバとは，名前解決をしてくれるソフトウェアです。代表的なリゾルバがキャッシュDNSサーバで，フルリゾルバと呼ばれます。また，PCのOS（たとえばWindows）にも，名前解決をDNSサーバに問い合わせる機能が組み込まれています。この機能もリゾルバで，スタブリゾルバといいます。スタブリゾルバは，フルリゾルバのように自分自身で名前解決はできず，フルリゾルバに問合せを依頼します。

（v）PC，サーバセグメントとDMZのサーバでは，マルウェア対策ソフトが稼働している。マルウェア定義ファイルの更新は，プロキシサーバ経由で行う。

マルウェア対策ソフトはSymantec社やTrendMicro社などが提供しています。これらのマルウェア対策ソフトでは，定期的にマルウェア定義ファイルをインターネット上にあるサーバからHTTPやHTTPSで取得します。Y社の場合，この通信はプロキシサーバ経由です。

（vi）(b) PCには，L3SWで稼働するDHCPサーバから，PCのIPアドレス，サブネットマスク及びその他のネットワーク情報が付与される。

下線（b）に関しては，設問1（2）で解説します。

図1中のFWに設定されている通信を許可するルールを表1に示す。

表1　FW に設定されている通信を許可するルール

項番	アクセス経路	送信元	宛先	プロトコル／ポート番号
1	インターネット→DMZ	any	ア	TCP/53, イ
2		any	ウ	TCP/443
3	DMZ→インターネット	ア	any	TCP/53, イ
4		エ	オ	TCP/80, TCP/443
5	内部 LAN→DMZ	カ	ア	TCP/53, イ
6		サーバセグメント	プロキシサーバ	TCP/8080 [1]
7		PC セグメント	プロキシサーバ	TCP/8080 [1]

注記　FW は，ステートフルパケットインスペクション機能をもつ。
注 [1]　TCP/8080 は，代替 HTTP のポートである。

表1は，FWの許可ルールです。空欄については設問1（3）（4）で解説します。ネスペ合格を目指す皆さんであれば，穴埋めに答えるという次元で終わらせてほしくありません。図1を見て，何もないところからこのルールが書けるようにしたいものです。

さて，FWのルールに関して，基本的なところを何点か補足します。

- 暗黙の拒否があるので，許可したルール以外の通信は拒否される。
- 注記の「ステートフルパケットインスペクション」とは，行き（＝要求）のパケットを許可しておけば，帰り（＝応答）のパケットは自動的に許可する仕組み。
- 注 [1] の「代替HTTPのポート」とは，PCがプロキシサーバにアクセスする際の宛先ポート番号。

次に，X主任は，アカウント情報の一元管理をDSによって行い，DSの情報を利用してSSOを実現させることを考え，ケルベロス認証によるSSOについて検討した。

ケルベロス認証によるSSOは第1章の基礎解説で解説しました（p.11）。ここからの解説は，基礎解説を読んでいただいた前提で進めます。

〔ケルベロス認証の概要と通信手順〕

X主任が調査して理解した，ケルベロス認証の概要と通信手順を次に示す。

- ケルベロス認証では，共通鍵暗号による認証及びデータの暗号化を行っている。
- PCとサーバの鍵の管理及びチケットの発行を行う鍵配布センタ（以下，KDCという）が，DSから取得したアカウント情報を基にPC又はサーバの認証を行う。
- KDCが管理するドメインに所属するPCとサーバの鍵は，事前に生成してPC又はサーバに登録するとともに，全てのPCとサーバの鍵をKDCにも登録しておく。
- チケットには，PCの利用者の身分証明書に相当するチケット（以下，TGTという）と，PCの利用者がサーバでの認証を受けるためのチケット（以下，STという）の2種類があり，これらのチケットを利用してSSOが実現できる。
- PCの電源投入後に，利用者がID，パスワード（以下，PWという）を入力してKDCでケルベロス認証を受けると，HTTP over TLSでアクセスする業務サーバや営業支援サーバにも，ケルベロス認証向けのAPIを利用すればSSOが実現できる。
- KDCは，導入予定のDSで稼働する。

　内容に関しては，基礎解説で解説したとおりです。とはいえ，KDC，TGTなど，耳慣れない用語が多いので，多くの受験生には読むのも辛かったと思います。

実際の事例としては，Windows の AD サーバの仕組みをイメージすればいいですよね？

　はい，そうです。その場合，ADサーバがKDCです。皆さんの会社でも，PCでユーザ名，パスワードを入力してドメインに接続（ログイン）すると思います。

接続先のドメイン

■ADサーバの認証画面

ID/PWを一度入力すると，ADに所属しているファイルサーバには認証なしでアクセスできるはずです。まさしくSSOです。

X主任は，内部LANにDSを導入したときの，SSOの動作をまとめた。PCの起動から営業支援サーバアクセスまでの通信手順を図2に示す。

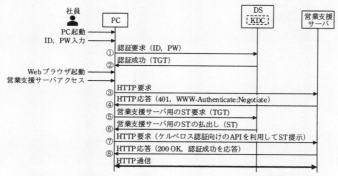

図2 PCの起動から営業支援サーバアクセスまでの通信手順（抜粋）

図2中の，①～⑧の動作の概要を次に示す。

① PCは，DSで稼働するKDCにID，PWを提示して，認証を要求する。

② KDCは，ID，PWが正しい場合にTGTを発行し，PCの鍵で暗号化したTGTをPCに払い出す。PCは，TGTを保管する。

③ 省略

④ 省略

⑤ PCは，KDCにTGTを提示して，営業支援サーバのアクセスに必要

なSTの発行を要求する。

⑥ KDCは，TGTを基に，PCの身元情報，セッション鍵などが含まれたSTを発行し，営業支援サーバの鍵でSTを暗号化する。さらに，KDCは，暗号化したSTにセッション鍵などを付加し，全体をPCの鍵で暗号化した情報をPCに払い出す。セッション鍵は，通信相手の正当性の検証などに利用される。

⑦ PCは，全体が暗号化された情報の中からSTを取り出し，ケルベロス認証向けのAPIを利用して，STを営業支援サーバに提示する。

⑧ 営業支援サーバは，STの内容を基にPCを認証するとともに，アクセス権限をPCに付与して，HTTP応答を行う。

こちらも基礎解説で述べたとおりです。

では，皆さんの理解ができているかを確認するための問題です。

Q. TGTとSTは暗号化して送信される。今回の場合，それぞれどの鍵で暗号化するか。

A. 問題文の②と⑥に記載があります。TGTは，PCの鍵によって暗号化します。また，STは，営業支援サーバの鍵で暗号化します。

TGTやSTは暗号化されているので，攻撃者がこの通信を盗聴したとしても，その情報を不正利用することができません。この点は，設問2（1）に関連します。

また，①～⑧のシーケンスの中でケルベロスの通信はどれかが，設問2（2）で問われます。

TGTとSTには，有効期限が設定されている。(c) PCとサーバ間で，有効期限が正しく判断できていない場合は，有効期限内でも，PCが提示したSTを，サーバが使用不可と判断する可能性があるので，PCとサーバ

<u>での対応が必要である。</u>

　暗号化されているとはいえ，TGTとSTが無期限だとチケットの盗聴およ
び解読のリスクが高まります。そのためチケットには有効期限が設定されて
います。この問題文ではTGTを身分証明書に例えています。運転免許証な
どの身分証明書に有効期限があるのと同じです。

　下線（c）は，設問2（3）で解説します。

〔SRVレコードの働きと設定内容〕
　次に，X主任は，ケルベロス認証を導入するときのネットワーク構成に
ついて検討した。ケルベロス認証導入時には，DNSのリソースレコード
の一つであるSRVレコードの利用が推奨されているので，SRVレコード
について調査した。

　ケルベロス認証の話が続きますが，それは忘れて，単にDNSに関する出
題だと考えてください。
　第1章の基礎解説でも説明をしましたが（p.18），ケルベロス認証でDNS
を使う目的は，ケルベロス認証のサーバ（KDC）のIPアドレスを，DNSを使っ
て探すためです。

　DNSサーバにSRVレコードが登録されていれば，サービス名を問い合
わせることによって，当該サービスが稼働するホスト名などの情報が取得
できる。
　SRVレコードのフォーマットを図3に示す。

| _Service._Proto.Name | TTL | Class | SRV | Priority | Weight | Port | Target |

図3　SRVレコードのフォーマット

　SRVレコードのフォーマットが記載されています。図4には具体的な値が
入っているので，そちらを見たほうがわかりやすいでしょう。

「サービス名を問い合わせることによって」
とはどういう意味ですか？

「サービス名」はkerberosなのですが，実際には，サービス名だけでなく，プロトコルやドメイン名も含めた「_kerveros._tcp.naibulan.y-sha.jp」のFQDNを，DNSサーバに問い合わせます。表現がわかりづらかったと思います。

> X主任は，図1に示したように，内部LANにDSを2台導入して冗長化し，それぞれのDSでケルベロス認証を稼働させる構成を考えた。

DS（ディレクトリサーバ）がダウンすると，ドメインに接続できませんし，チケットの発行もされないので非常に困ります。DSを冗長化することが一般的です。

> 図3中の，Serviceには，ケルベロス認証のサービス名である，kerberosを記述する。

この先の図4に，以下の記載があります。Serviceとしてkerberosが記載されています。

_Service.	Proto.Name
_kerberos.	tcp.naibulan.y-sha.jp.

■Serviceとしてkerberosが記載

サービスがkerberos以外もあるということですね？

はい，たとえばサービスがLDAPであれば，_ldap._tcp.で始まります。ただ，このあたりはあまり深入りせず，そういうものだと割り切って考えてもらえばいいでしょう。

Priorityは，同一サービスの<mark>SRVレコードが複数登録されている場合</mark>に，利用するSRVレコードを判別するための優先度を示す。Priorityが同じ値の場合は，WeightでTargetに記述するホストの使用比率を設定する。

SRVレコードが複数，つまり，ディレクトリサーバが複数台ある場合には，負荷分散をします。その際に利用するのがPriorityとWeightです。Weightはホストの使用比率とありますが，このあと具体的に解説します。

Portには，サービスを利用するときの<mark>ポート番号</mark>を記述する。

SRVレコードでは，ポート番号を指定できるのも特徴の一つです。図4でも記載されていますが，ケルベロス認証ではTCPポート88番を利用します。

X主任は，2台のDSでケルベロス認証を稼働させる場合の，<mark>SRVレコードの設定内容</mark>を検討した。

X主任が作成した，ケルベロス認証向けのSRVレコードの内容を図4に示す。ここで，DS1とDS2は，本社に導入予定のDSのホスト名である。

_Service._Proto.Name	TTL	Class	SRV	Priority	Weight	Port	Target
_kerberos._tcp.naibulan.y-sha.jp.	43200	IN	SRV	120	2	88	DS1.naibulan.y-sha.jp.
_kerberos._tcp.naibulan.y-sha.jp.	43200	IN	SRV	120	1	88	DS2.naibulan.y-sha.jp.

図4 ケルベロス認証向けの SRV レコードの内容

図4では，冗長化する2台のSRVレコードが記載されています。内容を簡単に説明すると，「naibulan.y-sha.jp.ドメインにおけるTCPでのケルベロス認証サービスは，DS1とDS2のポート88で提供します」ということです。

1行目と2行目の違いは，WeightとTarget（ディレクトリサーバ）の二つです。Weightは「ホストの使用比率」なので，DNSの問い合わせがあったときに，DS1とDS2の答える比率を2：1にします。

X主任は，調査・検討結果を基にSSOの導入構成案をまとめ，Z課長に提出した。導入構成案が承認され，実施に移されることになった。

問題文の解説はここまでです。おつかれさまでした。

第2章
令和4年度 過去問解説
午後Ⅰ
問3
問題
問題解説
設問解説

設問の解説

〔ネットワーク構成及び機器の設定と利用形態〕について，(1)～(4)に答えよ。

(1) 本文中の下線 (a) の動作を行うために，PCのプロキシ設定で登録すべき内容について，40字以内で述べよ。

　問題文には「(a) 業務サーバ及び営業支援サーバへのアクセスは，プロキシサーバを経由せずWebブラウザから直接行う」とあります。しかし，PCにはプロキシ設定がされており，そのままではプロキシサーバ経由で通信をしてしまいます。プロキシサーバを経由せずに通信するためには，ブラウザやOSのプロキシ設定にて，プロキシを使わないように除外リストを設定します。

　さて，答案の書き方ですが，40字という長めの文章を書く必要があります。どのFQDNを登録するかを含め，具体的に書くようにしましょう。

> **解答例** 業務サーバと営業支援サーバのFQDNを，プロキシ除外リストに登録する。(35字)

　採点講評には「正答率が低かった」とあります。「プロキシ除外リスト」というキーワードは思い浮かばなかったことでしょう。「プロキシから除外する設定を行う」などと書いても正解になったことでしょう。

　参考としてWindows11でのプロキシサーバ設定と，プロキシ除外リストの設定例を紹介します。

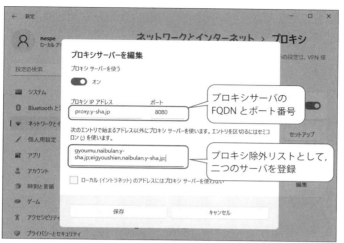

■プロキシサーバ設定と，プロキシ除外リストの設定例（Windows11）

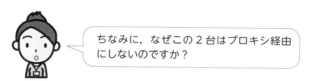

ちなみに，なぜこの2台はプロキシ経由
にしないのですか？

　理由の一つは，この2台をプロキシサーバ経由にするとセキュリティが非
常に弱くなることです。表1ではDMZ→内部LANへのルールを許可してい
ません。ですが，プロキシサーバ経由にすると，DMZ→内部LANへの許可
ルールを追加しなければいけません。仮にDMZのサーバが乗っ取られると，
DMZ→内部LANのルールが空いていることにより，内部LANへ侵入できて
しまうリスクがあります。

設問1

（2）本文中の下線（b）について，（iii）〜（v）の実行を可能とするための，
　　その他のネットワーク情報を二つ答えよ。

　問題文から（iii）〜（v）と下線（b）の箇所を再掲します。

（iii）PCには，プロキシ設定でプロキシサーバのFQDNが登録されてい

第2章
令和4年度
過去問解説
午後Ⅰ
問3
問題
問題解説
設問解説

るが, (a) 業務サーバ及び営業支援サーバへのアクセスは, プロキシサー
バを経由せずWebブラウザから直接行う。

（iv）PCのスタブリゾルバは, 社内DNSサーバで名前解決を行う。

（v）PC, サーバセグメントとDMZのサーバでは, マルウェア対策ソフ
トが稼働している。マルウェア定義ファイルの更新は, プロキシサーバ
経由で行う。

（vi）(b) PCには, L3SWで稼働するDHCPサーバから, PCのIPアドレ
ス, サブネットマスク及びその他のネットワーク情報が付与される。

（iii）〜（v）への通信に必要な, DHCPサーバから付与される情報が問
われています。まずは, PCのネットワーク情報の設定が何かを考えるとい
いでしょう。そのために, 皆さんのPCのネットワーク情報を確認しましょう。

■PCのネットワーク情報

ここにあるように, ネットワーク
の情報としては, IPアドレス, サ
ブネットマスク, デフォルトゲート
ウェイのIPアドレス, DNSサーバ
のIPアドレスがあります。下線（b）
には, IPアドレスとサブネットマス
クがすでに示されているので, 残る
「デフォルトゲートウェイのIPアド
レス」と「DNSサーバのIPアドレス」
を登録します。DNSサーバは社内
DNSサーバと外部DNSサーバがあ
りますので, 「社内」を忘れないよ
うにして下さい。

解答	・社内DNSサーバのIPアドレス ・デフォルトゲートウェイのIPアドレス

正答を導くのは難しくなかったと思いますが, 念のため, （iii）〜（v）
にはどんな情報が必要かを整理します。ぜひ, 皆さんでも考えてみてください。

Q. （ⅲ）〜（ⅴ）にはどんなネットワーク情報が必要か。空欄を埋めよ。

通信	通信先	必要なネットワーク情報
（ⅲ）	業務サーバ及び 営業支援サーバ	
（ⅳ）	社内DNSサーバ	
（ⅴ）	マルウェア定義 ファイルの更新 （インターネット上のサーバ）	

A. 解答は以下のとおりです。すべての通信において，IPアドレス，サブネットマスク，デフォルトゲートウェイのIPアドレス，DNSサーバのIPアドレスの4つが必要です。

通信	通信先	必要な ネットワーク情報	補足
（ⅲ）	業務サーバ及び 営業支援サーバ	・IPアドレス ・サブネットマスク ・デフォルトゲート ウェイのIPアドレス ・DNSサーバのIPア ドレス	業務サーバと営業支援サーバは別セグメントにあるので，L3SW（デフォルトゲートウェイ）の情報が必要です。また，ケルベロス認証のために，社内DNSサーバの情報が必要です。
（ⅳ）	社内DNSサーバ		社内DNSサーバと通信をするには，社内DNSサーバのIPアドレスを知っている必要があります。また，社内DNSサーバはPCと別セグメントにあるので，デフォルトゲートウェイの情報も必要です。
（ⅴ）	マルウェア定義 ファイルの更新 （インターネット 上のサーバ）		プロキシサーバに通信するためには，社内DNSサーバを使ってプロキシサーバのFQDNの名前解決をします。また，別セグメントにあるプロキシサーバに通信するためにはやはりデフォルトゲートウェイのIPアドレスが必要です。

余談ですが，一つ問題です。

Q. （v）のインターネット上のサーバとの通信に関して考える。PC
の設定で，プロキシサーバをFQDNではなくIPアドレスで指定した場合，
必要なネットワークの情報はどうなるか。※PCはケルベロス認証による
ドメイン参加をしないとする。

A. DNSサーバのIPアドレスが不要になる。

> DNSの設定をしないと，インターネット上のサーバの
> 名前解決ができないのでは？

　そう思うかもしれませんね。でも，名前解決はプロキシサーバがするので，
PCにはDNSの設定が不要です。代わりに，プロキシサーバにDNSの設定が
必要です。過去には令和元年度 午後Ⅱ問2でこの点に関する設問がありま
した。ぜひ，覚えておきましょう。

設問1

(3) 表1中の　　ア　　，　　ウ　　～　　カ　　に入れる字句を，図
　　1又は表1中の字句を用いて答えよ。
(4) 表1中の　　イ　　に入れるプロトコル／ポート番号を答えよ。

　表1を再掲します。

表1 FWに設定されている通信を許可するルール

項番	アクセス経路	送信元	宛先	プロトコル/ポート番号
1	インターネット→DMZ	any	ア	TCP/53, イ
2		any	ウ	TCP/443
3	DMZ→インターネット	ア	any	TCP/53, イ
4		エ	オ	TCP/80, TCP/443
5		カ	ア	TCP/53, イ
6	内部LAN→DMZ	サーバセグメント	プロキシサーバ	TCP/8080 1)
7		PCセグメント	プロキシサーバ	TCP/8080 1)

注記 FWは、ステートフルパケットインスペクション機能をもつ。
注 1) TCP/8080は、代替HTTPのポートである。

では、アクセス経路ごとに正解を考えます。

①項番1，2：インターネット→DMZ

項番1と2は、インターネットからDMZ宛ての通信です。図1を見ると、DMZには、公開サーバとして、公開Webサーバと外部DNSサーバがあります。ポート番号が53と443ですから、空欄アが外部DNSサーバ、空欄ウが公開Webサーバだとわかります。

実際、問題文には「(ⅱ) 外部DNSサーバは、**DMZのゾーン情報の管理**」とあり、インターネットから外部DNSサーバに対して名前解決要求があることがわかります。

> 項番1にTCP/53とありますが、
> DNSはUDPではありませんでしたか？

主に使われるのはUDPですが、TCPも使います。なぜなら、DNSサーバの応答が512バイトを超えるとTCPに切り替わることがあるからです。この点は、令和元年度 午後Ⅱ問2の問題文に記載がありました。または、ゾーン転送（スレーブサーバからマスタサーバへのゾーン転送要求）でも、UDPでなくTCPを使います。なので、項番1のプロトコル/ポート番号は、TCP/53とUDP/53（空欄イ）です。

解答 　空欄ア：**外部DNSサーバ**　　空欄イ：**UDP/53**
　　　　　空欄ウ：**公開Webサーバ**

②項番3，4：DMZ→インターネット

　項番3は，DMZにある外部DNSサーバ（空欄ア）からインターネット宛ての通信です。問題文の「（ⅱ）外部DNSサーバは，（中略）**フルサービスリゾルバの機能をもっている**」が該当し，インターネット上のDNSサーバに対する名前解決の通信です。DNSは基本UDPですが，先の①と同様の理由で，TCP/53も許可しています。

　項番4は，プロトコル／ポート番号の「TCP/80」と「TCP/443」より，HTTP/HTTPS通信であることがわかります。問題文に「（ⅲ）PCには，**プロキシ設定でプロキシサーバのFQDNが登録**」「マルウェア定義ファイルの更新は，**プロキシサーバ経由で行う**」とあるように，インターネットへのHTTP/HTTPS通信は，PCからではなくプロキシサーバを経由します。よって，空欄エ（送信元）はプロキシサーバです。また，空欄オの「宛先」ですが，外部へのWeb通信はいろいろな接続先があり宛先が限定できないので，anyです。

解答　空欄エ：プロキシサーバ　　空欄オ：any

---

③項番5～7：内部LAN→DMZ

　項番5は，内部LANからDMZにある外部DNSサーバ（空欄ア）への通信です。これは，内部DNSサーバにおいて，内部LAN以外のゾーンのホストの名前解決を外部DNSにフォワード（転送）する通信です。問題文には以下の記載があります。

（ⅰ）社内DNSサーバは，内部LANのゾーン情報を管理し，内部LAN以外のゾーンのホストの名前解決要求は，外部DNSサーバに転送する。

　よって，空欄カ（送信元）は社内DNSサーバです。

解答　空欄カ：社内DNSサーバ

設問2

〔ケルベロス認証の概要と通信手順〕について，(1) ～ (3) に答えよ。

(1) 攻撃者が図2中の②の通信を盗聴して通信データを取得しても，攻撃者は，⑦の通信を正しく行えないので，営業支援サーバを利用することはできない。⑦の通信を正しく行えない理由を，15字以内で述べよ。

設問にあるように，攻撃者は②の通信を盗聴してTGTの通信データを取得したとします。ですが，これでは⑦の営業支援サーバへの通信（STの提示）が正しく行えません。なぜでしょう。

> 当たり前ですよ。だって，②のTGTはPCの鍵で暗号化されているから，攻撃者はTGTの中身を確認できません。

そのとおりです。ですが，それ以外にも答えの候補があります。たとえば，以下があげられます。

- （TGTがないので，）⑤のKDCに対するST要求（TGT）を行うことができない。
- （ST要求ができないので，STを受け取ることもできない。よって，）⑦の営業支援サーバへのST提示ができない。

または，「PCの鍵をもっていないから」という答えでもよさそうです。しかし，設問の指示は15字以内とあり，いくつも理由を述べることはできません。どこに着目して答えればいいのでしょうか。

先に解答例を見ましょう。

解答例	STを取り出せないから（11字）

> この解答はひどいです。STを取り出せる以前に，TGTも取り出せません。

はい，これを答えるのは厳しかったと思います。私もこの答案は書けません。なので，ここからの解説は，「解答例」を知っているありきで説明します。「⑦の通信が正しく行えない理由」とありますので，⑦を軸に解答を考えます。⑦の記述は以下のとおりです。

⑦　PCは，全体が暗号化された情報の中からSTを取り出し，ケルベロス認証向けのAPIを利用して，STを営業支援サーバに提示する。

よって，この文章だけを見ると，「STを取り出しができないから，⑦が正しく行えない，これが解答だ」という理屈です。採点講評にも「通信を盗聴しても，暗号化に用いた共通鍵をもたなければSTを取り出せないことを導き出してほしい」とあります。

ただ，採点講評で書かれている内容は，「②の通信でTGTを盗聴」ではなく，「STを取り出せない」とあるので，「⑥の通信でSTを盗聴」したことをいっています。なぜ「②の通信を盗聴して通信データを取得しても」という設問にしたのか疑問です。「②が盗聴できるなら，同じ経路である⑥も盗聴できる，そこまで深読みしろ」といっているのでしょうか。IPAがそんな乱暴なことをいうとは思えず，よくわからない問題でした。

設問2

（2）図2中で，ケルベロス認証サービスのポート番号88が用いられる通信を，①～⑧の中から全て選び記号で答えよ。

問題文中には「ケルベロス認証サービス」というキーワードは出てきません。なので，少しわかりにくかったかもしれませんが，単純に「ケルベロス認証のための通信がどれであるか」が問われています。

ヒントは，設問文の「ポート番号88」です。図4で，Port 88と記載がありますが，どちらもTargetはDS（KDC）です。つまり，図2において，DS（KDC）との通信（①②⑤⑥）がケルベロス認証の通信であることがわかります。

それと，図2で「HTTP」と記載されているのはケルベロス認証ではないと思いました。単なる私のカンですが。

　そういう直感も大事です。HTTP通信は，TCP/80またはTCP/443なので，③④⑦⑧は除外されます。結果，①②⑤⑥がケルベロス通信（TCP/88）であると予想できます。この予想をもった上で，問題文と図2を確認します。①と②に関しては，問題文に「PCの電源投入後に，利用者がIDとパスワードを入力してKDCでケルベロス認証を受ける（以下略）」とあります。また，⑤はケルベロス通信のチケット要求で，⑥はケルベロス通信のチケット応答なので，やはり，①②⑤⑥がケルベロス通信です。

> **解答**　①，②，⑤，⑥

⑦の説明に「ケルベロス認証向けのAPI」とあるので，⑦はケルベロス通信かも，と悩みました。

　この部分，少し説明します。まず，API（Application Programming Interface）は，複数のアプリケーションをつなぐ仕組みです。営業支援サーバでは，ケルベロス認証に対応したアプリケーションをインストールする必要があります。

たしかに，営業支援サーバにアプリケーションをインストールしていなければ，チケットを見せられても，どう処理すればいいかわからないと思います。

　そうです。たとえば，営業支援サーバがLDAPで通信をするには，LDAPのプロトコルを処理するアプリケーションをインストール（または機能を有効化）します。ケルベロス認証も同じで，ケルベロス認証に対応したアプリケーションを入れます（＝APIを利用する）。これが，問題文にある「HTTP over TLSでアクセスする業務サーバや営業支援サーバにも，**ケルベロス認証**

向けのAPIを利用すればSSOが実現できる」の部分です。

　このとき，営業支援サーバへの通信は，HTTP over TLS（つまりTCP/443）でアクセスします。APIを使うと，TCP/88ではなく，TCP/443でアクセスできるようになるのです。よって，⑦の通信は正解にはなりません。

設問2

　(3)　本文中の下線（c）の問題を発生させないための，PCとサーバにおける対応策を，20字以内で述べよ。

問題文の該当部分は以下のとおりです。

　　TGTとSTには，有効期限が設定されている。(c) PCとサーバ間で，有効期限が正しく判断できていない場合は，有効期限内でも，PCが提示したSTを，サーバが使用不可と判断する可能性があるので，PCとサーバでの対応が必要である。

　チケットが有効期限内でもSTが使えなくなることがある問題の対策案が問われています。

「有効期限が正しく判断できていない場合」という言い回しが変ですね。

　はい，この意味を理解することで正解に近づきます。

　下線（c）の直前に「TGTとSTには，有効期限が設定されている」とあるので，有効期限は設定されています。でも，その有効期限を正しく判断できないケースはどんなケースでしょうか。

　正解は，各機器の時刻が正しく設定されていない場合です。たとえば，営業支援サーバの時刻だけが10分進んでいたとします（次ページ図）。そして，14:00が有効期間のSTを13:55に受けとるとどうなるでしょうか。

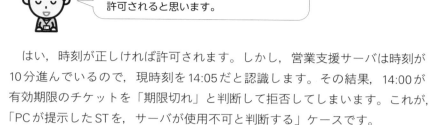

有効期限の5分前なので，本来であれば，許可されると思います。

　はい，時刻が正しければ許可されます。しかし，営業支援サーバは時刻が10分進んでいるので，現時刻を14:05だと認識します。その結果，14:00が有効期限のチケットを「期限切れ」と判断して拒否してしまいます。これが，「PCが提示したSTを，サーバが使用不可と判断する」ケースです。

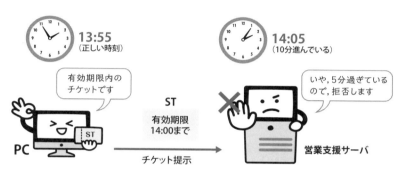

13:55
（正しい時刻）

有効期限内の
チケットです

ST

有効期限
14:00まで

PC

チケット提示

14:05
（10分進んでいる）

いや，5分過ぎているので，拒否します

営業支援サーバ

■ サーバの時刻が正しく設定されていない場合

　この問題の対応策は単純です。PC，KDCおよび営業支援サーバの時刻を正しく同期することです。

解答例 PCとサーバ間で時刻同期を行う。（16字）

PCとサーバ間の時刻同期って，どうやってやるんですか？

　どうやってやるんでしょうね？　一般的にはNTPサーバで時刻同期をしますが，問題文にはNTPは記載がありません。なので，「<u>NTP</u>でPCとサーバの時刻同期を行う」と答えてしまうと，踏み込みすぎのような気がします。

〔SRVレコードの働きと設定内容〕について，（1）～（3）に答えよ。
（1）ケルベロス認証を行うPCが，図4のSRVレコードを利用しない場合，PCに設定しなければならないサーバに関する情報を，25字以内で答えよ。

ケルベロス認証では，SRVレコードを使って，ケルベロス認証を行うサーバの名前解決をします。具体的には，PCがDNSサーバに対して「_kerveros._tcp.naibulan.y-sha.jp.」というSRVレコードを問い合わせ，その応答として，「DS1. naibulan.y-sha.jp」というホスト名を得ます。

設問では，SRVレコードを利用せずにケルベロス認証するための設定が問われています。なので，ケルベロス認証を行うサーバはDS1. naibulan.y-sha.jpであることをPCに教えてあげましょう。

なるほど。WindowsPCのhostsファイルに，上記の対応を書けばいいのですね。

いえ，hostsファイルでは，SRVレコードの名前解決はできません。ちなみに，Linuxクライアントの場合には，設定ファイルkrb5.confにケルベロス認証サーバのFQDNを設定できます。

この問題が良問ではないと感じるのは，受験者の多くはWindowsでの使用環境であり，ケルベロス認証を実装するのはActive Directoryです。基礎解説でも述べましたが（p.21），SRVレコードは自動登録されますので，この設問で問われるような手動で設定するケースはないと思います。

と，つい愚痴を言ってしまいましたが，そんな不満を言っても得することは何もありません。合格するためには，知恵を絞って答えを書くしかないのです。

作問者もそれを理解してか，設問で問われているのは「情報」に限定されています。どうやって設定するかなどは問われていません。問われていることに素直に答えると，解答例のようになります。

ケルベロス認証を行うサーバのFQDN（18字）

「ケルベロス認証を行うサーバの <u>IP アドレス</u>」
ではダメでしょうか？

　正確なことはわかりませんが，たぶん不正解でしょう。設問では「SRV
レコードを利用しない場合」とあるだけで，「Aレコードを利用しない」と
は書いていないからです。図4を見て，「SRVレコードとして参照するのは，
IPアドレスではなくFQDNである。だからFQDNが正解」としていると思
います。

設問3

　（2）図4のSRVレコードが，PCのキャッシュに存在する時間は何分かを
　　　答えよ。

　まず，DNSのキャッシュについて復習しておきましょう。PCは，DNSに
よって名前解決した情報を，一定の時間保持（＝キャッシュ）します。毎回
DNSサーバに問い合わせるのは非効率だからです。また，キャッシュする
ことで，名前解決に要する時間を短縮したり，DNSサーバの負荷を抑えら
れるという効果もあります。
　では，設問の答えを考えます。PCでキャッシュする時間ですが，DNSサー
バのTTLで指定します。TTLはTime To Liveの略で，直訳すると（キャッシュ
の）生存時間です。
　図4のSRVレコードのTTLを見ましょう。

_Service._Proto.Name	TTL	Class	SRV	Priority	Weight	Port	Target
_kerberos._tcp.naibulan.y-sha.jp.	43200	IN	SRV	120	2	88	DS1.naibulan.y-sha.jp.
_kerberos._tcp.naibulan.y-sha.jp.	43200	IN	SRV	120	1	88	DS2.naibulan.y-sha.jp.

TTLは43200（秒）になっています。設問で問われた「分」に直すには，60で割ります。43200秒÷60＝720分なので，答えは720分です。

解答	720（分）

（3）図4の二つのSRVレコードの代わりに，図5の一つのSRVレコードを使った場合，DS1とDS2の負荷分散はDNSラウンドロビンで行わせることになる。図4と同様の比率でDS1とDS2が使用されるようにする場合の，Aレコードの設定内容を，50字以内で述べよ。ここで，DS1のIPアドレスをadd1，DS2のIPアドレスをadd2とする。

_Service._Proto.Name	TTL	Class	SRV	Priority	Weight	Port	Target
_kerberos._tcp.naibulan.y-sha.jp.	43200	IN	SRV	120	1	88	DS.naibulan.y-sha.jp.

図5　変更後のSRVレコードの内容

図4を再掲します。

_Service._Proto.Name	TTL	Class	SRV	Priority	Weight	Port	Target
_kerberos._tcp.naibulan.y-sha.jp.	43200	IN	SRV	120	2	88	DS1.naibulan.y-sha.jp.
_kerberos._tcp.naibulan.y-sha.jp.	43200	IN	SRV	120	1	88	DS2.naibulan.y-sha.jp.

問題文に「WightでTargetに記述するホストの使用比率を設定」とあるように，Weight列では，ホストの使用比率を指定します。図4を見ると，DS1が2，DS2が1です。したがって，「図4と同様の比率」とは，DS1とDS2の比率が2：1になることです。

では，2：1の比率になるようにするには，Aレコードをどのように設定すればよいでしょうか

過去問にも出てきたDNSラウンドロビンでしょうか？

はい，Aレコードでできることは，それくらいしかありません。DNSラウンドロビンでは，同一のホスト名に対し，複数のIPアドレス（Aレコード）を登録します。すると，PCからの問い合わせに対してAレコードを順番（ラウンドロビン）に解答します。

　ラウンドロビンを使って2：1の比率にするには，ホスト名DSのAレコードとして，add1を2行，add2を1行登録します^{（※注）}。

■2：1の比率にするAレコードの設定

```
DS.naibulan.y-sha.jp.  IN  A  add1
DS.naibulan.y-sha.jp.  IN  A  add1
DS.naibulan.y-sha.jp.  IN  A  add2
```

　この設定方法を，解答としてまとめます。文字数が50字と長いので，具体的な設定内容を記載します。

解答例	ホスト名がDSに対して，add1のAレコードを二つ，add2のAレコードを一つ記述する。（44字）

　※注：DNSサーバの代表的な存在であるBINDでは，上記のような重み付けラウンドロビンの設定はできません。add1を2行，add2を1行という設定を書くことはできますが，Aレコードの回答比率は1：1です。この知識があった人は，解答例の答えを書けなかったかもしれません。少し厄介な問題でした。

設問			IPA の解答例・解答の要点	予想配点
設問1	(1)		業務サーバと営業支援サーバの FQDN を，プロキシ除外リストに登録する。	6
	(2)	①	・社内 DNS サーバの IP アドレス	2
		②	・デフォルトゲートウェイの IP アドレス	2
	(3)	ア	外部 DNS サーバ	2
		ウ	公開 Web サーバ	2
		エ	プロキシサーバ	2
		オ	any	2
		カ	社内 DNS サーバ	2
	(4)	イ	UDP/53	3
設問2	(1)		ST を取り出せないから	4
	(2)		①，②，⑤，⑥	4
	(3)		PC とサーバ間で時刻同期を行う。	5
設問3	(1)		ケルベロス認証を行うサーバの FQDN	4
	(2)		720	3
	(3)		ホスト名が DS に対して，add1 の A レコードを二つ，add2 の A レコードを一つ記述する。	7
			合計	50

※予想配点は著者による

　利用するサーバの増加によって，サーバ利用時の煩雑さを避ける目的で，パスワードの使い回しが行われる例が多い。パスワードを使い回すことによって，パスワードリスト攻撃などのリスクが増大する。このリスクを低減する手段として，シングルサインオンの導入が広がっている。

　本問では，シングルサインオンを実現する技術の一つである，ケルベロス認証を取り上げた。既設LANの中にケルベロス認証を導入する事例を題材に，ネットワークの設計，構築，運用の実務を通して修得した技術が，既設LANの各機器の設定情報に基づく動作，ケルベロス認証の仕組み及びDNSのSRVレコードの利用方法などを理解するのに活用できる水準かどうかを問う。

　問3では，ケルベロス認証を題材に，基本的なネットワーク構成における利用形態，認証の仕組み，DNSのSRVレコードの利用方法などについて出題した。全体として正答率は平均的であった。

ぶるぼんさんの解答	正誤	予想採点	タカさんの解答	正誤	予想採点
業務サーバと営業支援サーバへのアクセスはプロキシサーバを経由しないよう例外に設定	○	6	pac ファイル上、業務サーバと営業支援サーバへは直接アクセスになるよう指定する	△	2
・DNS サーバの IP アドレス	×	0	・社内DNSサーバのIPアドレス	○	2
・デフォルトゲートウェイの IP アドレス	○	2	・プロキシサーバのIPアドレス	×	0
外部 DNS サーバ	○	2	外部 DNS サーバ	○	2
公開 Web サーバ	○	2	公開 Web サーバ	○	2
プロキシサーバ	○	2	プロキシサーバ	○	2
any	○	2	ルータ	×	0
社内 DNS サーバ	○	2	内部 DNS サーバ	×	0
UDP/53	○	3	UDP/53	○	3
ST を取り出せないため	○	4	セッション鍵を持たないから	×	0
①, ②, ⑤, ⑥	○	4	②, ⑥	×	0
KDC に ST の有効期限を問い合わせる	×	0	PCとサーバ間の時刻を合わせる	○	5
DS1 と DS2 の各 FQDN とポート番号	△	2	ケルベロス認証を受けるサーバのIPアドレス	×	0
720 分	○	3	720 分	○	3
ホスト名は同じで、IP アドレスは add1 は2つ分、add2 は1つ分、計3つのレコードを設定する。	○	7	A レコードに add2 の2倍 add1 にアクセスさせるよう設定する	△	3
予想点合計		41	予想点合計		24

　設問1（1）は，正答率が低かった。プロキシ設定が行われている状態で，プロキシサーバを経由させない通信がある場合は，プロキシ例外リストに該当するサーバなどの情報を登録することを覚えておいてほしい。

　設問1（2）では，社内DNSサーバのIPアドレスの正答率が低かった。DHCPで，PCなどが使用するローカルDNSサーバのIPアドレスを配布することは，一般的に行われるので覚えておいてほしい。

　設問2（1）は，正答率が低かった。ケルベロス認証では共通鍵による暗号化が行われるので，通信を盗聴しても，暗号化に用いた共通鍵をもたなければSTを取り出せないことを導き出してほしい。

　設問3（3）は，正答率が低かった。DS1とDS2とを2：1の比率でDNSラウンドロビンによって負荷分散させるという条件を読み取り，代表するホスト名DSに対するAレコードの設定内容を導き出してほしい。

※出典はp.91と同様，IPA発表の解答例，採点講評より。

「結婚したら片目をつぶる」，そういう言葉があるようだ。

結婚するまでは両目で見て，結婚して一緒に生活をし始めたら，相手の行動にイチイチ反応したり価値観の違いに着目するのではなく，片目をつぶるのだ。エンジニアはキッチリしたい性格の人が多いだろうが，相手は感情を持つ「人間」でしかも「他人」。うまく生きていくには，大事な考え方だと思う。

さて，今回のコラムは，少し真面目な受験テクニックである。実はこの試験でも，同じ考え方が必要だと思う。少しだけ片目をつぶる。言い換えると半分は心を無にする。

エンジニアとして，仕事において心を無にすることは失礼だし，要求には120%の答えを出したくなる。しかし，ネットワークスペシャリスト試験を含む情報処理技術者試験においては，少し違う。技術者として最高の答案を書くことより，人間関係を重視した答えを書くこともときに求められる。

「試験で人間関係なんて，なに？」と思われるかもしれない。私は過去に何度か，「作問者と対話する」と書いたが，考え方はそれである。今回は少し違う視点で述べる。

午後Ⅰの30字程度で答える問題を解いていて，こんなことはないだろうか。答案の深さや方向性，どの観点で書いていいかなどがわからない場合だ。技術的にはどれだけ説明することもできるが，文字数は30字に制限されている。さて，どの部分を説明したらいいのか。

私の場合，SEとしては片目をつぶることにしている。片目をつぶるという表現が適切かは微妙だが，SEとして技術的に，かつ論理的に答える気持ちが半分，試験対策と割り切って答える気持ちが半分である。なぜなら，この試験で大事なのは，SEとして自分が持っている技術を答案にアピールすることではない。求められた設問に，問題文の言葉を使って粛々と答えることである。その観点でいうと，新規性やオリジナリティなどは，答案にはまったく必要がない。

直近でネスペ試験を受けたときも，この作業に徹した。問題文に書いてある言葉をそのまま使って，解答を組み立てる。実務でもっといい話を知っていても，それを書いてはダメ。自分しか知らない答えが正解になることはありえない。なぜなら，公平性や厳格な採点基準が求められる国家試験では，別解はなく正答は一つしかないからである。

私がITストラテジスト試験に合格したときに使ったテクニックも同じである。

ITストラテジストは，IT資格の最高峰と称されることもあり，受験者のレベルが総じて高く，採点基準は辛い。午後Ⅰ試験は，ネットワークスペシャリストと違って，ほぼすべてが25〜35文字の記述式である。選択式の問題や，キーワードを答える問題はない。記述式だから自分の言葉で書くことになるのだが，そうなると解答に幅がでやすい。

　自己学習すると，調子がいいときは合格点を大きく超えるのであるが，超えないときも多くあった。試験は一発勝負だから絶対に合格したい。そこで，先の方法である。

　どんな場合でも，論理飛躍しない。求められた設問に，問題文の言葉を使って，粛々と答えたのである。まったく面白味がない答案である。しかし，この方法で過去問を解くと，安定して合格点を取れた。キラリと光る答案は書けないし，満点を取ることもできない。でも合格点は60点だ。「片目をつぶる」というか，こういう考え方で試験に臨むことも，合格には大事であろう。

オンライン英会話

　SEの仕事をしていると，RFCや海外のマニュアルを読むなど，英語に触れる機会が多い。英語アレルギーの私は，そのつど翻訳サービスで逃げてきた。その結果，私の英語の実力はTOEIC250点。高得点者からすると，ある意味「奇跡」的なスコアらしい。その点を取ることは「逆に難しい」とまで言われた。

　そんな私であったが，本格的に英語が必要になった。さっそく勉強をスタート。最初は，書籍やCD，アプリなどで勉強していたのだが，すぐ嫌になる。3日坊主という言葉があるが，本当に3日でやめてしまった。

　とはいえ英語が必要だったので，他のやり方を模索した。多少値段は高いが，オンライン英会話なるものが流行っている。ちょっと試してみた。

　これが，とても楽しい。なぜかというと，本やCDと違って，講師が私の英語をほめてくれるのである。「Your pronunciation is very good.」みたいな感じで。完全なる「お世辞」ではあるが嫌な気はしない。というか，すごくうれしい。

　それと，たいした会話はしていないが，毎日PCに向かっているだけの私の寂しい人生が一気に世界につながったように感じた。その新鮮さや満足感が，私の脳に「楽しい」と感じさせてくれたのだろう。おかげさまで，TOEICのスコアは一気に上昇した。

　学ぶためには，続けられる仕組み，モチベーションを維持できるように工夫をすることが大切であることを改めて感じた。特に社会人にもなると，誰かが「やる気スイッチ」を押してくれることはない。自分の気持ちを高める工夫も，皆さん自身のミッションなのである。

※カタコトの中学英語

Do you like Sushi?

Yes

なんてインターナショナルな会話なんだ

nespeR4

第**3**章

過去問解説

令和**4**年度
午後 **II**

データで見る ネットワークスペシャリスト その2

▶▶▶ 経験年数別の合格率（令和4年度）

経験年数	合格率
経験なし～2年未満	25.3%
2年以上～10年未満	21.7%
10年以上～20年未満	15.9%
20年以上	12.1%
未記入	16.7%

IPA「独立行政法人　情報処理推進機構」発表の「情報処理技術者試験/情報処理安全確保支援士試験 統計資料」より抜粋・計算
https://www.jitec.ipa.go.jp/1_07toukei/r04a_oubo.pdf

経験年数が2年未満の人が
一番合格率が高いって驚きです。

ちなみに，今回の合格者の平均年齢は34.1歳，
現在までの合格者最年長記録は67歳です。

令和4年度

午後Ⅱ 問1

問　　題

問題解説

設問解説

問題

問1 テレワーク環境の導入に関する次の記述を読んで, 設問1〜5に答えよ。

　K社は, 東京に本社を構える中堅の製造業者である。東京の本社のほか
に, 大阪の支社, 及び関東圏内のデータセンタがある。このたびK社で
は, テレワーク環境を導入し, K社社員が自宅などをテレワーク拠点とし
て, 個人所有のPC(以下, 個人PCという)を利用して業務を行う方針を
立てた。また, 業務の重要性から, ネットワークの冗長化を行うことにし
た。これらの要件に対応するために, 情報システム部のP主任が任命され
た。K社の現行のネットワーク及び導入予定の機器を図1に示す。

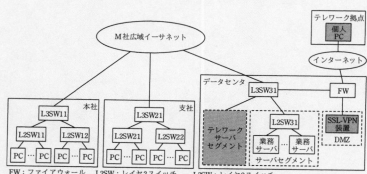

FW:ファイアウォール　L2SW:レイヤ2スイッチ　L3SW:レイヤ3スイッチ
広域イーサネット:広域イーサネットサービス網　業務サーバ:業務アプリケーションサーバ
テレワークサーバセグメント:テレワークのための機器で構成するセグメント
注記　網掛け部分は, テレワーク環境として導入予定の機器を示す。

図1　K社の現行のネットワーク及び導入予定の機器(抜粋)

〔現行のネットワーク構成〕
　図1の概要を次に示す。

・本社, 支社, データセンタはM社の広域イーサネットで接続されている。

- サーバセグメントに設置された業務サーバに，社内のPCからアクセスして各種業務を行っている。
- FWは，社内からインターネットへのアクセスのためにアドレス変換（NAPT）を行っている。
- FWでDMZを構成し，DMZにはグローバルIPアドレスが割り当てられている。
- DMZ以外の社内の全てのセグメントは，プライベートIPアドレスが割り当てられている。
- 経路制御の方式は，OSPFが用いられている。
- 本社のネットワークアドレスには，172.16.1.0/24を割り当てている。
- 支社のネットワークアドレスには，172.16.2.0/24を割り当てている。
- データセンタのネットワークアドレスには，172.17.0.0/16を割り当てている。

〔テレワーク環境導入方針〕

P主任は，テレワーク環境構築に当たって，導入方針を次のように定め，技術検討を進めることにした。
- テレワーク拠点の個人PCには業務上のデータを一切置かない運用とするために，仮想デスクトップ基盤（以下，VDIという）の技術を採用する。
- データセンタのテレワークサーバセグメントにVDIサーバを導入する。VDIサーバでは，個人ごとの仮想化されたPC（以下，仮想PCという）を稼働させ，個人PCから遠隔で仮想PCを利用可能にする。
- 個人PCには，仮想PCの画面を操作するソフトウェア（以下，VDIクライアントという）を導入する。
- 仮想PCから，業務サーバへアクセスして業務を行う。社内のPCからは直接業務サーバへアクセスできるので，社内のPCから仮想PCは利用しない。
- DMZにSSL-VPN装置を導入して，テレワーク拠点の個人PCからデータセンタのテレワークサーバセグメントへのアクセスを実現する。
- 情報セキュリティの観点から，SSL-VPNアクセスのための認証は，個人ごとに事前に発行したクライアント証明書を用いて行う。
- SSL-VPN装置は，個人PCからの接続時の認証に応じて適切な仮想PC

を特定する。そして，個人PCからその仮想PCへのVDIの通信を中継する。このような機能をもつSSL-VPN装置を選定する。
- テレワークを行う利用者は最大200人とする。

〔SSL-VPN技術調査とテレワーク環境への適用〕
　P主任は，テレワーク拠点からインターネットを介した社内へのアクセスを想定して，SSL-VPNの技術について調査を行い，結果を次のようにまとめた。
- SSL-VPNは，TLSプロトコルを利用したVPN技術である。
- TLSプロトコルは，HTTPS（HTTP over TLS）通信で用いられる暗号化プロトコルであり，インターネットのような公開ネットワーク上などで安全な通信を可能にする。
- TLSプロトコルのセキュリティ機能は，暗号化，通信相手の認証，及び　　ア　　である。
- SSL-VPNは，リバースプロキシ方式，ポートフォワーディング方式，　　イ　　方式の3方式がある。
- リバースプロキシ方式のSSL-VPNは，インターネットからアクセスできない社内のWebアプリケーションへのアクセスを可能にする。
- ポートフォワーディング方式のSSL-VPNは，社内のノードに対してTCP又はUDPの任意の　　ウ　　へのアクセスを可能にする。
- 　　イ　　方式のSSL-VPNは，動的にポート番号が変わるアプリケーションプログラムでも社内のノードへのアクセスを可能にする。
- リバースプロキシ方式以外のSSL-VPNを利用するためには，SSL-VPN接続を開始するテレワーク拠点のPCに，SSL-VPN接続を行うためのクライアントソフトウェアモジュール（以下，SSL-VPNクライアントという）が必要である。
- TLSプロトコルは，複数のバージョンが存在するが，TLS1.3はTLS1.2よりも安全性が高められている。一例を挙げると，TLS1.3ではAEAD（Authenticated Encryption with Associated Data）暗号利用モードの利用が必須となっており，①セキュリティに関する二つの処理が同時に行われる。
- TLSプロトコルで用いられる電子証明書の形式は，X.509によって定め

られている。

- 認証局（以下，CAという）によって発行された電子証明書には，②証明対象を識別する情報，有効期限，　エ　鍵，シリアル番号，CAのデジタル署名といった情報が含まれる。

P主任は，SSL-VPNの技術調査結果を踏まえ，テレワーク環境への適用を次のとおり定めた。

- SSL-VPNクライアント，クライアント証明書，及びVDIクライアントを，あらかじめ個人PCに導入する。
- SSL-VPN装置へのアクセスポートは，TCPの443番ポートとする。
- SSL-VPN装置で利用するTLSプロトコルのバージョンは，TLS1.3を用い，それ以外のバージョンが使われないようにする。
- 仮想PCへのアクセスのプロトコルはRDPとし，TCPの3389番ポートを利用する。
- SSL-VPN装置がRDPだけで利用されることを踏まえ，SSL-VPNの接続方式は　オ　方式とする。

〔SSL-VPNクライアント認証方式の検討〕

P主任は，個人PCからSSL-VPN装置に接続する際のクライアント認証の利用について整理した。

- 個人PCからSSL-VPN装置に接続を行う時に利用者のクライアント証明書がSSL-VPN装置に送られ，③SSL-VPN装置はクライアント証明書を基にして接続元の身元特定を行う。K社においては，社員番号を利用者IDとしてクライアント証明書に含めることにする。
- TLSプロトコルのネゴシエーション中に，④クライアント証明書がSSL-VPN装置に送信され，SSL-VPN装置で検証される。
- ⑤SSL-VPN装置からサーバ証明書が個人PCに送られ，個人PCで検証される。

TLSプロトコルにおける鍵交換の方式には，クライアント側でランダムなプリマスタシークレットを生成して，サーバのRSA　エ　鍵で暗号化してサーバに送付することで共通鍵の共有を実現する，RSA鍵交

第3章
過去問解説
令和4年度
午後Ⅱ
問1
問題
問題解説
設問解説

換方式がある。また，Diffie-Hellmanアルゴリズムを利用する鍵交換方式で，DH公開鍵を静的に用いる方式もある。これらの方式は，⑥秘密鍵が漏えいしてしまったときに不正に復号されてしまう通信のデータの範囲が大きいという問題があり，TLS1.3以降では利用できなくなっている。TLS1.3で規定されている鍵交換方式は，　カ　，ECDHE，PSKの3方式である。

　さらにP主任は，クライアント証明書の発行に関して次のように検討した。

- クライアント証明書の発行に必要なCAを自社で構築して運用するのは手間が掛かるので，セキュリティ会社であるS社がSaaSとして提供する第三者認証局サービス（以下，CAサービスという）を利用する。
- 新しいクライアント証明書が必要なときは，利用者の公開鍵と秘密鍵を生成し，公開鍵から証明書署名要求（CSR）を作成して，CAサービスへ提出する。CAサービスは，クライアント証明書を発行してよいかどうかをK社の管理者に確認するとともに，⑦CSRの署名を検証して，クライアント証明書を発行する。
- クライアント証明書の失効が必要なときは，S社のCAサービスによって証明書失効手続を行うことによって，CAの証明書失効リストが更新される。証明書失効リストは，失効した日時と⑧クライアント証明書を一意に示す情報のリストになっている。

〔テレワーク環境構成の検討〕
　P主任は，ネットワーク構築ベンダQ社の担当者に相談して，Q社の製品を利用したテレワーク環境の構成を検討した。P主任が考えたテレワーク環境を図2に示す。また，図2の主要な構成要素の説明を表1に示す。

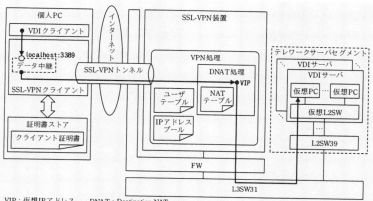

VIP：仮想IPアドレス　　DNAT：Destination NAT
注記1　localhost:3389は，localhostのTCPの3389番待受けポートを示す。
注記2　●▶は，パケットの送信元と宛先を示す。
注記3　○は，待受けポートを示す。

図2　P主任が考えたテレワーク環境

表1　図2の主要な構成要素

名称	説明
仮想PC	利用者の業務で利用するための仮想化されたPCである。利用者ごとに仮想PCがあらかじめ割り当てられており，IPアドレスは静的に割り当てられている。それぞれの仮想PCはRDP接続をTCPの3389番ポートで待ち受けている。
VDIサーバ	仮想PCを稼働させるためのサーバである。複数のVDIサーバで，全利用者分の仮想PCを収容する。システム立上げ時に全仮想PCが起動される。 VDIサーバ内の仮想PCは仮想L2SWに接続される。仮想L2SWはVDIサーバの物理インタフェースを通じてL2SW39に接続される。
L2SW39	複数のVDIサーバを収容するL2SWである。
SSL-VPN装置	SSL-VPN接続要求を受けてSSL-VPNトンネルの処理を行い，仮想PCへRDP接続を中継する。この一連の処理をVPN処理という。VPN処理はユーザテーブルとNATテーブルの二つのテーブルを利用する。DNAT処理のための仮想的な宛先IPアドレスであるVIPが設定される。
VDIクライアント	個人PCで，仮想PCの画面を操作するクライアントソフトウェア
SSL-VPNクライアント	SSL-VPNを利用するために個人PCにインストールされたソフトウェアモジュールである。証明書ストアに格納されたクライアント証明書を用いて処理を行う。VDIクライアントからlocalhostのTCPの3389番ポートへの接続を受け付け，SSL-VPN装置にその通信を中継する。

　SSL-VPN装置の⑨ユーザテーブルは，SSL-VPN接続時の処理に必要な情報が含まれるテーブルであり，仮想PCの起動時に自動設定される。

　SSL-VPN装置のNATテーブルは，SSL-VPNクライアントからの通信を適切な仮想PCに振り向けるためのテーブルである。SSL-VPN装置がSSL-VPNトンネルからVIP宛てのパケットを受けると，適切な仮想PCの

IPアドレスにDNAT処理して送る。この処理のためにNATテーブルがあり，SSL-VPNで認証処理中にエントリが作成される。

IPアドレスプールは，SSL-VPNクライアントに付与するIPアドレスのためのアドレスプールであり，172.16.3.1～172.16.3.254を設定する。

P主任が考えた，図2のテレワーク環境のVDIクライアントから仮想PCまでの接続シーケンスを図3に示す。

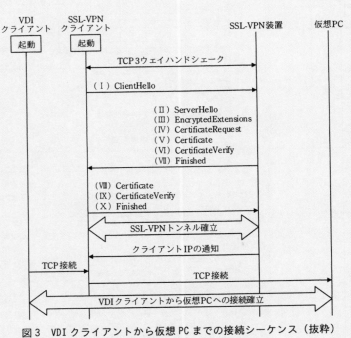

図3　VDIクライアントから仮想PCまでの接続シーケンス（抜粋）

図3の動作の概要を次に示す。

（1）個人PCでSSL-VPNクライアントとVDIクライアントを起動する。

（2）SSL-VPNクライアントは，SSL-VPN装置に対するアクセスを開始する。

（3）SSL-VPN装置は，クライアント証明書による認証を行う。

（4）SSL-VPNクライアントとSSL-VPN装置間に，TLSセッションが確立される。このTLSセッションはSSL-VPNトンネルとして利用する。

（5）SSL-VPN装置は，SSL-VPNクライアントに割り当てるIPアドレ

スを管理するためのIPアドレスプールからIPアドレスを割り当て，SSL-VPNクライアントに通知する。この割り当てられたIPアドレスを，クライアントIPという。

（6）SSL-VPN装置は，⑩ユーザテーブルを検索して得られるIPアドレスを用いて，NATテーブルのエントリを作成する。

（7）SSL-VPNクライアントは，localhost:3389の待ち受けを開始する。

（8）VDIクライアントは，localhost:3389へTCP接続を行う。

（9）SSL-VPNクライアントは，SSL-VPNトンネルを通じて，VIPの3389番ポートへ向けてのTCP接続を開始する。

（10）SSL-VPN装置は，VIPに届いた一連のパケットをDNAT処理して仮想PCに転送する。これによって，SSL-VPNクライアントと仮想PCの間にTCP接続が確立する（以下，この接続をリモート接続という）。

（11）SSL-VPNクライアントは，localhost:3389とリモート接続の間のデータ中継を行う。

　上記の（1）～（11）によって，VDIクライアントから仮想PCまでの接続が確立し，個人PCから仮想PCのデスクトップ環境が利用可能になる。

〔ネットワーク冗長化の検討〕

　次にP主任は，次のようにネットワークの冗長化を考えた。P主任が考えた新たな冗長化構成を図4に示す。

・PCと業務サーバの間のネットワーク機器のうち，PCを収容するL2SW以外の機器障害時に，PCから業務サーバの利用に影響がないようにする。

・拠点間接続の冗長化のために，新たにN社の広域イーサネットを契約する。その回線速度と接続トポロジは現行のM社広域イーサネットと同等とする。

・通常は，M社とN社の広域イーサネットの両方を利用する。

・本社にL2SW13，L2SW14，L3SW12，支社にL2SW23，L2SW24，L3SW22，データセンタにL2SW32～L2SW35，L3SW32を新たに導入する。

・業務サーバのNICはチーミングを行う。

・サーバセグメントに接続されているL3SWはVRRPによって冗長化を行う。

第3章

過去問解説

令和4年度

午後Ⅱ

問1

問題

問題解説

設問解説

- ネットワーク全体の経路制御はこれまでどおり，OSPFを利用し，OSPFエリアは全体でエリア0とする。

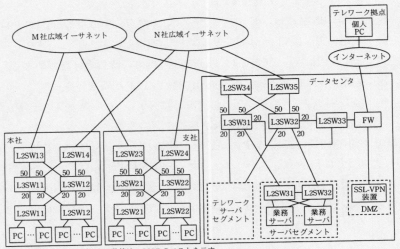

注記　図中のL3SWのポートの数値は，OSPFのコストを示す。

図4　P主任が考えた新たな冗長化構成（抜粋）

　全てのL3SWでOSPFを動作させ，冗長経路のOSPFのコストを適切に設定することによって，⑪OSPFのEqual Cost Multi-path機能（以下，ECMPという）が利用できると考え，図4に示すコスト設定を行うことにした。その場合，例えば⑫L3SW11のルーティングテーブル上には，サーバセグメントへの同一コストの複数の経路が確認できる。

　K社で利用しているL3SWのベンダにECMPの経路選択の仕様を問い合わせたところ，次の仕様であることが分かった。
- 最大で四つの同一コストルートまでサポートする。
- 動作モードとして，パケットモードとフローモードがある。
- パケットモードの場合，パケットごとにランダムに経路を選択し，フローモードの場合は，送信元IPアドレスと宛先IPアドレスからハッシュ値を計算して経路選択を行う。

　P主任は，K社の社内のPCと業務サーバ間の通信における⑬通信品質への影響を考慮して，フローモードを選択することにした。また，フロー

モードでも⑭複数回線の利用率がほぼ均等になると判断した。

次に，P主任は，サーバセグメントに接続されているL3SWの冗長化について，図5のように行うことにした。

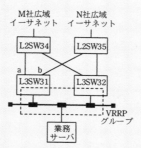

図5　サーバセグメントに接続されているL3SWの冗長化

図5において，L3SW31とL3SW32でVRRPを構成し，L3SW31がVRRPマスタとなるように優先度を設定する。また，L3SW31において，⑮図5中のa又はbでの障害をトラッキングするようにVRRPの設定を行う。これによって，a又はbのインタフェースでリンク障害が発生した場合でも，業務サーバからPCへのトラフィックの分散が損なわれないと考えた。

P主任は，以上の技術項目の検討結果について情報システム部長に報告し，SSL-VPN導入，N社とS社サービス利用及びネットワーク冗長化について承認された。

設問1　本文中の　　ア　　～　　カ　　に入れる適切な字句を答えよ。

設問2　〔SSL-VPN技術調査とテレワーク環境への適用〕について，(1)，(2) に答えよ。
(1) 本文中の下線①について，同時に行われる二つのセキュリティ処理を答えよ。
(2) 本文中の下線②について，電子証明書において識別用情報を示すフィールドは何か。フィールド名を答えよ。

設問3　〔SSL-VPNクライアント認証方式の検討〕について，(1) ～ (6)

に答えよ。

(1) 本文中の下線③について，クライアント証明書で送信元の身元を一意に特定できる理由を，"秘密鍵"という用語を用いて40字以内で述べよ。

(2) 本文中の下線④について，クライアント証明書の検証のために，あらかじめSSL-VPN装置にインストールしておくべき情報を答えよ。

(3) 本文中の下線⑤について，検証によって低減できるリスクを，35字以内で答えよ。

(4) 本文中の下線⑥について，TLS1.3で規定されている鍵交換方式に比べて，広く復号されてしまう通信の範囲に含まれるデータは何か。"秘密鍵"と"漏えい"という用語を用いて，25字以内で答えよ。

(5) 本文中の下線⑦について，利用者がCAサービスにCSRを提出するときに署名に用いる鍵は何か。また，CAサービスがCSRの署名の検証に用いる鍵は何か。本文中の用語を用いてそれぞれ答えよ。

(6) 本文中の下線⑧について，証明書失効リストに含まれる，証明書を一意に識別することができる情報は何か。その名称を答えよ。

設問4 〔テレワーク環境構成の検討〕について，(1)，(2)に答えよ。

(1) 本文中の下線⑨について，ユーザテーブルに含まれる情報を40字以内で答えよ。

(2) 本文中の下線⑩について，検索のキーとなる情報はどこから得られるどの情報か。25字以内で答えよ。また，SSL-VPN装置は，その情報をどのタイミングで得るか。図3中の (I) ～ (X) の記号で答えよ。

設問5 〔ネットワーク冗長化の検討〕について，(1) ～ (5)に答えよ。

(1) 本文中の下線⑪について，P主任がECMPの利用を前提にしたコスト設定を行う目的を，30字以内で答えよ。

(2) 本文中の下線⑫について，経路数とそのコストをそれぞれ答えよ。

（3）本文中の下線⑬について，フローモードの方が通信品質への影響が少ないと判断した理由を35字以内で述べよ。

（4）本文中の下線⑭について，利用率がほぼ均等になると判断した理由をL3SWのECMPの経路選択の仕様に照らして，45字以内で述べよ。

（5）本文中の下線⑮について，この設定によるVRRPの動作を"優先度"という用語を用いて40字以内で述べよ。

この問題は，「企業におけるテレワーク実現のための**SSL-VPN**環境の構築，**VDI**環境に関する技術的な考察，及び冗長ネットワーク構築を題材に，テレワーク時代に必要となるネットワーク構築スキルを問う（出題趣旨より）」問題でした。**SSL-VPN**のなかでも，利用頻度が少ないポートフォワーディング方式に関する出題であり，なおかつ**VDI**との連携が問われました。問題文を理解するのも大変だったことでしょう。設問ですが，非常に単純な解答となる問題も多かったのですが，難しいキーワードが問われたり，答えにくい問題もありました。全体的に難しい問題でした。

問1 テレワーク環境の導入に関する次の記述を読んで，設問1～5に答えよ。

　K社は，東京に本社を構える中堅の製造業者である。東京の本社のほかに，大阪の支社，及び関東圏内のデータセンタがある。このたびK社では，テレワーク環境を導入し，K社社員が自宅などをテレワーク拠点として，個人所有のPC（以下，個人PCという）を利用して業務を行う方針を立てた。

　昨今のテレワーク普及の流れに合わせた出題です。この問題では，テレワークを行う際に重要な点として，セキュリティと可用性に着目します。機密性に関しては，SSL-VPNによって暗号と認証機能を実現します。可用性に関しては，ネットワークの冗長化を行います。

　また，業務の重要性から，ネットワークの冗長化を行うことにした。これらの要件に対応するために，情報システム部のP主任が任命された。K社の現行のネットワーク及び導入予定の機器を図1に示す。

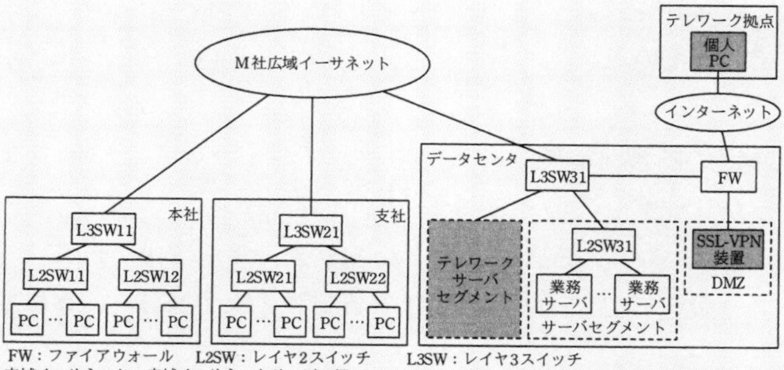

図1　K社の現行のネットワーク及び導入予定の機器（抜粋）

FW：ファイアウォール　L2SW：レイヤ2スイッチ　L3SW：レイヤ3スイッチ
広域イーサネット：広域イーサネットサービス網　業務サーバ：業務アプリケーションサーバ
テレワークサーバセグメント：テレワークのための機器で構成するセグメント
注記　網掛け部分は，テレワーク環境として導入予定の機器を示す。

　K社の現行ネットワーク構成です。ネットワーク構成図の見方ですが，いつもお伝えしているとおり，まずはFWを探してください。次に，インターネット，DMZ，内部LAN（データセンタのサーバセグメント，本社，支社）に分かれていることを確認します。今回，内部LANは，広域イーサネットサービスによって，複数の拠点が接続されています。

〔現行のネットワーク構成〕
　図1の概要を次に示す。
• 本社，支社，データセンタはM社の広域イーサネットで接続されている。
• サーバセグメントに設置された業務サーバに，社内のPCからアクセスして各種業務を行っている。

　問題文を読んでいきますが，適当に読んではいけません。図1と照らし合わせて，書いてあることを理解しながら読んでください。内容を理解していないと，問題文にちりばめられたヒントを見逃したり，設問で問われていることの本質が理解できなかったりします。

• FWは，社内からインターネットへのアクセスのためにアドレス変換（NAPT）を行っている。
• FWでDMZを構成し，DMZにはグローバルIPアドレスが割り当てられている。

- DMZ以外の社内の全てのセグメントは，プライベートIPアドレスが割り当てられている。

FWやDMZの内容が記載されています。特筆すべきことはありませんが，内容をしっかり理解しておきましょう。
DMZは「グローバルIPアドレス」を割り当てていますが，プライベートIPアドレスを設定して，FWにてNATする方法もあります（※余談です）。

- 経路制御の方式は，OSPFが用いられている。

経路制御にOSPFを使います。今回，OSPFを動かしている機器はどれだと思いますか？

L3装置なので，L3SWでしょうか。

そうです。それ以外の候補はFWです。ただ，今回はネットワークが単純かつ経路冗長もしないので，FWは静的経路の可能性が高いと思います。

- 本社のネットワークアドレスには，172.16.1.0/24を割り当てている。
- 支社のネットワークアドレスには，172.16.2.0/24を割り当てている。
- データセンタのネットワークアドレスには，172.17.0.0/16を割り当てている。

この情報をもとに，現行ネットワークにIPアドレスを割り振ってみました。データセンタは複数のセグメントがあるので，172.17.0.0/16を分割して割り当てています。このあとの解説では，ここに記載したIPアドレスを使います。

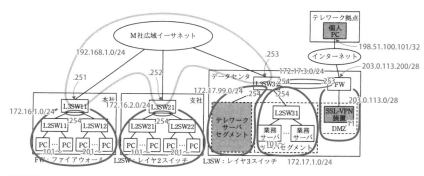

■現行ネットワークに割り当てたIPアドレス

また，このあと，テレワークサーバセグメントに仮想PCが配置されますが，そのIPアドレスを172.17.99.0/24にします。

〔テレワーク環境導入方針〕

P主任は，テレワーク環境構築に当たって，導入方針を次のように定め，技術検討を進めることにした。

- テレワーク拠点の個人PCには業務上のデータを一切置かない運用とするために，仮想デスクトップ基盤（以下，VDIという）の技術を採用する。

テレワーク環境の構築方法ですが，VDI以外の技術以外には，どんな方法があるのですか？

IPsecによるインターネットVPNやSSL-VPNで，安全な通信路を構築する方法があります。ただし，その二つの方法の場合，テレワークの個人PCに業務上のデータをコピーできてしまいます。業務データを個人PCに持ち出すことができるので，情報漏洩の危険があります。

- データセンタのテレワークサーバセグメントにVDIサーバを導入する。VDIサーバでは，個人ごとの仮想化されたPC（以下，仮想PCという）を稼働させ，個人PCから遠隔で仮想PCを利用可能にする。
- 個人PCには，仮想PCの画面を操作するソフトウェア（以下，VDIクラ

　個人PCには業務上のデータを置かない運用とするために，VDI（Virtual Desktop Infrastructure：仮想デスクトップ基盤）サーバを導入します。VDIは，シンクライアントの一つであり，仮想PC型と呼ばれたこともありました。VDIサーバの仮想化基盤（ハイパーバイザ）の上に，一人ずつ仮想PCを割り当てます。そして，仮想PCの画面をテレワークの個人PCにRDPやPCoIPなどのプロトコルを使って転送します。

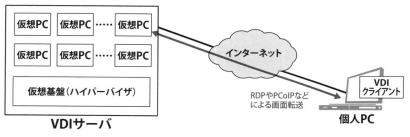

■ VDIサーバの導入

- 仮想PCから，業務サーバへアクセスして業務を行う。社内のPCからは直接業務サーバへアクセスできるので，社内のPCから仮想PCは利用しない。
- DMZにSSL-VPN装置を導入して，テレワーク拠点の個人PCからデータセンタのテレワークサーバセグメントへのアクセスを実現する。

　まず，一つ目の後半の内容について解説します。社内のPCからは，直接業務サーバへアクセスします（次ページ図❶）。
　次に二つ目と一つ目の前半の内容についてです。個人PCからは，SSL-VPN装置経由で，テレワークサーバセグメントに接続し，そこから業務サーバに接続します（次ページ図❷）。
　通信の流れは次のとおりです。

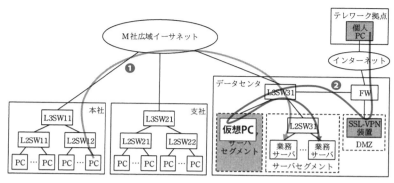

■ 社内PCや個人PCから業務サーバへの通信の流れ

SSL-VPN 装置を設置せず，個人 PC から VDI サーバに
直接接続をしてはダメですか？

　RDPやPCoIPは，暗号化がサポートされているので，SSL-VPN装置がな
くてもある程度のセキュリティは保てます。ただ，認証を強化する観点や，
DMZにVDIサーバを置きたくないことを考慮すると，今回のようなSSL-
VPN装置を配置するほうが一般的です。

- 情報セキュリティの観点から，SSL-VPNアクセスのための認証は，個
  人ごとに事前に発行したクライアント証明書を用いて行う。

　SSL-VPN装置の「認証」に関してです。単純なパスワード認証だと，パ
スワードが漏えいすると危険です。世界中のどこからでも不正アクセスをさ
れる可能性があるからです。そこで，クライアント証明書を使って認証を強
化します。

- SSL-VPN装置は，個人PCからの接続時の認証に応じて適切な仮想PC
  を特定する。そして，個人PCからその仮想PCへのVDIの通信を中継する。
  このような機能をもつSSL-VPN装置を選定する。
- テレワークを行う利用者は最大200人とする。

第3章
令和4年度
過去問解説
午後Ⅱ
問1
問題
問題解説
設問解説

クライアント証明書のCN（Common Name）に利用者IDを設定し，その利用者IDに対応した仮想PCを割り当てます。詳しくはこのあとの〔SSL-VPNクライアント認証方式の検討〕に記載があります。

さて，ここからの問題文は，大きく四つのセクションに分かれています。それぞれ，設問にも対応しているので，セクションごとに問題を解いていくと，心理的にも負担が減ると思います。

■問題文のセクションと設問の対応

問題文	設問
〔**SSL-VPN技術調査とテレワーク環境への適用**〕	設問1
〔**SSL-VPNクライアント認証方式の検討**〕	設問2
〔**テレワーク環境構成の検討**〕	設問3
〔**ネットワーク冗長化の検討**〕	設問4

〔SSL-VPN技術調査とテレワーク環境への適用〕
　P主任は，テレワーク拠点からインターネットを介した社内へのアクセスを想定して，SSL-VPNの技術について調査を行い，結果を次のようにまとめた。
- SSL-VPNは，TLSプロトコルを利用したVPN技術である。
- TLSプロトコルは，HTTPS（HTTP over TLS）通信で用いられる暗号化プロトコルであり，インターネットのような公開ネットワーク上などで安全な通信を可能にする。
- TLSプロトコルのセキュリティ機能は，暗号化，通信相手の認証，及び　　ア　　である。

　SSL-VPNの基本的な技術についての説明です。SSL（Secure Sockets Layer）は，ネットスケープコミュニケーションズ社が開発したプロトコルです。それをRFCとして標準化するとともに，機能を付加したものがTLS（Transport Layer Security）です。余談ですが，令和元年度の午前問題くらいまではSSL/TLSと併記されていたこともありました。
　空欄アは，設問1で解説します。

- SSL-VPNは，リバースプロキシ方式，ポートフォワーディング方式，　イ　方式の3方式がある。
- リバースプロキシ方式のSSL-VPNは，インターネットからアクセスできない社内のWebアプリケーションへのアクセスを可能にする。
- ポートフォワーディング方式のSSL-VPNは，社内のノードに対してTCP又はUDPの任意の　ウ　へのアクセスを可能にする。
- 　イ　方式のSSL-VPNは，動的にポート番号が変わるアプリケーションプログラムでも社内のノードへのアクセスを可能にする。

　SSL-VPNには三つの方式があります。この三つの分類に関しては，H29年度 午後Ⅰ問1の問題文でも説明があり，空欄イの方式が採用されました。三つの方式の解説は第1章3節の基礎解説で行っています（p.23）。また，空欄イとウは設問1で解説します。

- リバースプロキシ方式以外のSSL-VPNを利用するためには，SSL-VPN接続を開始するテレワーク拠点のPCに，SSL-VPN接続を行うためのクライアントソフトウェアモジュール（以下，SSL-VPNクライアントという）が必要である。

　第1章3節の基礎解説でも述べましたが（p.23），リバースプロキシは，Webの通信（HTTPやHTTPS）なので，ブラウザがあれば接続できます。よって，SSL-VPNクライアントは不要です。一方，それ以外の二つの方式の場合は，SSL-VPNクライアントが必要です。今回は，SSL-VPNクライアントを個人PCにインストールします。

- TLSプロトコルは，複数のバージョンが存在するが，TLS1.3はTLS1.2よりも安全性が高められている。一例を挙げると，TLS1.3ではAEAD（Authenticated Encryption with Associated Data）暗号利用モードの利用が必須となっており，①セキュリティに関する二つの処理が同時に行われる。

　H29年度 午後Ⅰ問1では，TLS1.2が問われました。時代とともに技術が

新しくなります。ここでは，TLS1.3が問われています。

AEADを含め，下線①は設問2（1）で解説します。

- TLSプロトコルで用いられる電子証明書の形式は，X.509によって定められている。
- 認証局（以下，CAという）によって発行された電子証明書には，②証明対象を識別する情報，有効期限， エ 鍵，シリアル番号，CAのデジタル署名といった情報が含まれる。

X.509は，電子証明書の標準規格です。では，情報処理技術者試験を開催しているIPAの電子証明書を見てみましょう。Google Chromeの場合ですが，IPAのホームページを表示し，鍵マークをクリックして，［この接続は保護されています］→［証明書は有効です］を選択して開きます。

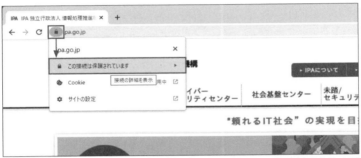

■鍵マークをクリックして，［この接続は保護されています］→［証明書は有効です］を選択

次ページにIPAの電子証明書を示します。これはX.509に準拠したフォーマットで，問題文に記載があるシリアル番号などが確認できます。

この電子証明書を発行した認証局（CA）が何かを確認するには，「発行者」を見ます。この証明書はSECOMから発行されています。なお，"シリアル番号"は設問3（6）で使います。

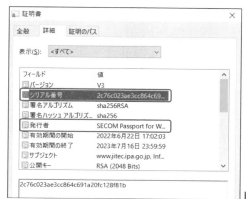

フィールド	値
バージョン	V3
シリアル番号	2c76c023ae3cc864c69...
署名アルゴリズム	sha256RSA
署名ハッシュ アルゴリズ...	sha256
発行者	SECOM Passport for W...
有効期間の開始	2022年6月22日 17:02:03
有効期間の終了	2023年7月16日 23:59:59
サブジェクト	www.jitec.ipa.go.jp, Inf...
公開キー	RSA (2048 Bits)

2c76c023ae3cc864c691a20fc128f81b

■**IPA**の電子証明書の内容

空欄エは設問1で，下線②は設問2（2）で詳しく解説します。

　P主任は，SSL-VPNの技術調査結果を踏まえ，テレワーク環境への適用を次のとおり定めた。
- SSL-VPNクライアント，クライアント証明書，及びVDIクライアントを，あらかじめ個人PCに導入する。
- SSL-VPN装置へのアクセスポートは，TCPの443番ポートとする。
- SSL-VPN装置で利用するTLSプロトコルのバージョンは，TLS1.3を用い，それ以外のバージョンが使われないようにする。
- 仮想PCへのアクセスのプロトコルはRDPとし，TCPの3389番ポートを利用する。
- SSL-VPN装置がRDPだけで利用されることを踏まえ，SSL-VPNの接続方式は　　オ　　方式とする。

この記載は，これまでの記述の整理と，決定した方針です。特筆する事項はありません。

空欄オは設問1で解説します。

〔SSL-VPNクライアント認証方式の検討〕
　P主任は，個人PCからSSL-VPN装置に接続する際のクライアント認証の利用について整理した。

- 個人PCからSSL-VPN装置に接続を行う時に利用者のクライアント証明書がSSL-VPN装置に送られ，③SSL-VPN装置はクライアント証明書を基にして接続元の身元特定を行う。K社においては，社員番号を利用者IDとしてクライアント証明書に含めることにする。

　右に，利用者IDを入れたクライアント証明書のイメージを示します。サブジェクト（Subject）に利用者IDとして「user1234」が入っています。

　SSL-VPN装置では，接続してきたクライアントを認証します。認証の際，クライアント証明書が正規のものかを確

■ 利用者IDを入れたクライアント証明書のイメージ

認します。この点は，設問3（1）に関連します。また，利用者IDが存在するかを確認します。あとで出てきますが，SSL-VPN装置にはユーザテーブルがあります。ここに，このクライアント証明書に記載された利用者IDが存在している必要があります。
　下線③については，設問2（1）で解説します。

- TLSプロトコルのネゴシエーション中に，④クライアント証明書がSSL-VPN装置に送信され，SSL-VPN装置で検証される。
- ⑤SSL-VPN装置からサーバ証明書が個人PCに送られ，個人PCで検証される。

　TLSプロトコルについて記載があります。TLSのシーケンスに関しては，H29年度 午後Ⅰ問1でも軽く問われました。今回の問題では，このあとの図3でシーケンスの詳細な記載があります。図3において，今回の下線④と⑤がどこに該当するか，確認しておきましょう。

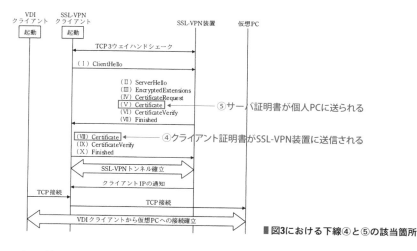

■図3における下線④と⑤の該当箇所

　少し補足します。SSL-VPN装置が⑤のサーバ証明書を送る目的は，自分自身があやしい装置ではなく，正規の装置であることを証明するためです。また，SSL-VPNクライアントが④のクライアント証明書を送る理由は，正規の利用者であることを証明するためです。

　イメージ図は以下のとおりです。

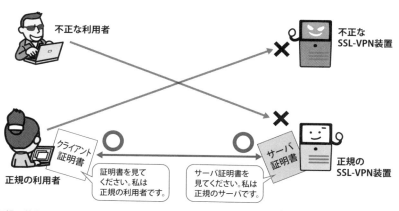

■正規の装置・利用者であることをサーバ証明書・クライアント証明書で証明

クライアント証明書って，（Ⅷ）で相手に送信するんですよね？ であれば，本人以外も入手できます。他の人がなりすませるのでは？

たしかに。そこで，（Ⅸ）のCertificateVerifyによって，クライアント証明書の持ち主であることを証明します。具体的には，（Ⅰ）～（Ⅷ）のメッセージのハッシュ値を，自分の秘密鍵で暗号化してSSL-VPN装置に送ります。SSL-VPN装置は，クライアントの公開鍵を使って検証します。この公開鍵はクライアント証明書の中にあります。これで，クライアント証明書の持ち主の正当性を確認します。この点は，設問3（1）に関連します。

また，下線④は設問3（2），下線⑤は設問3（3）で解説します。

> TLSプロトコルにおける鍵交換の方式には，クライアント側でランダムなプリマスタシークレットを生成して，サーバのRSA ［ エ ］ 鍵で暗号化してサーバに送付することで共通鍵の共有を実現する，RSA鍵交換方式がある。また，Diffie-Hellmanアルゴリズムを利用する鍵交換方式で，DH公開鍵を静的に用いる方式もある。

プリマスタシークレット（Premaster Secret）とは，暗号化通信用で使われる共通鍵を生成するためのデータです。RSA鍵交換方式では，クライアントが生成し，サーバのRSA ［ エ：公開 ］ 鍵で暗号化してサーバに送信します。その後，プリマスタシークレットを基に，通信暗号化用の共通鍵（＝セッション鍵）を作成します。

Diffie-Hellmanアルゴリズムは，安全でない（盗聴のおそれがある）通信経路において，安全に共通鍵を共有する方式です。大きな数の素因数分解は難しいという数学的な性質を利用して，共通鍵を生成します。

なお，直後で示されるようにプリマスタシークレットやDiffie-Hellmanによる鍵交換はTLS1.3で廃止されました。ですので，図3（TLS1.3のシーケンス）には，プリマスタシークレットを送信したり，Diffie-Hellmanによる鍵交換のシーケンスはありません。

> これらの方式は，⑥秘密鍵が漏えいしてしまったときに不正に復号されてしまう通信のデータの範囲が大きいという問題があり，TLS1.3以降では利用できなくなっている。TLS1.3で規定されている鍵交換方式は，［ エ ］，ECDHE，PSKの3方式である。

下線⑥は，設問3（4）で，空欄カは設問1で解説します。

　さらにP主任は，クライアント証明書の発行に関して次のように検討した。
- クライアント証明書の発行に必要なCAを自社で構築して運用するのは手間が掛かるので，セキュリティ会社であるS社がSaaSとして提供する第三者認証局サービス（以下，CAサービスという）を利用する。

　CAサーバを構築して，そのサーバを運用するのは多少の手間がかかります。CAサーバのパッチ適用であったり，セキュリティ対策も常時行う必要があります。それに，故障時の対応も必要です。

　そこで，CAサービスを利用することになりました。国内では，セコムトラストシステムズ社やGMOグローバルサイン社などがCAサービスを提供しています。

- 新しいクライアント証明書が必要なときは，利用者の公開鍵と秘密鍵を生成し，公開鍵から証明書署名要求（CSR）を作成して，CAサービスへ提出する

　クライアント証明書を作成するには幾つかの手順を踏みますが，最初に行うのが公開鍵と秘密鍵のペアを生成することです。秘密鍵とクライアント証明書（公開鍵を含む）は，どちらもPCに配置する必要があります。

　証明書署名要求（Certificate Signing Request，略してCSR）とは，認証局（CA）に対して「証明書を発行して下さい」と依頼するためのデータです。

　CAサービスは，クライアント証明書を発行してよいかどうかをK社の管理者に確認するとともに，⑦CSRの署名を検証して，クライアント証明書を発行する。

　利用者は，CAサービスに直接CSRを提出します。もしかすると悪意のある第三者の可能性もあるので，K社に確認します。メール等で確認しているのでしょう。

　下線⑦については，設問3（5）で解説します。

- クライアント証明書の失効が必要なときは，S社のCAサービスによって証明書失効手続を行うことによって，CAの証明書失効リストが更新される。証明書失効リストは，失効した日時と⑧クライアント証明書を一意に示す情報のリストになっている。

　続いて，証明書失効リスト（CRL：Certificate Revocation List）についてです。CRLは，証明書のブラックリストです。CRLに掲載された証明書は，有効期限内であっても無効と判断されます。無効にする理由はさまざまで，利用者が退職した，秘密鍵が漏えいした，PCを紛失したなどがあります。
　実際の証明書失効リストの例を以下に示します。opensslコマンドでCRLの内容を表示しました。この例では，Revoke（取り消された）証明書が2件あり，それぞれのシリアル番号と失効日が確認できます。

```
nespe-r4@ca:~$ openssl crl -in crl.pem -text
Certificate Revocation List (CRL):
        Version 2 (0x1)
        Signature Algorithm: sha256WithRSAEncryption
        Issuer: CN = ca.k-sha.example.jp
        Last Update: Aug 11 06:56:04 2022 GMT
        Next Update: Feb  7 06:56:04 2023 GMT
        CRL extensions:
            X509v3 Authority Key Identifier:
                keyid:F4:F9:BC:B4:E0:7C:33:77:62:9E:B6:26:07:65:31:4E
:91:E4:77:74

                DirName:/CN=ca.k-sha.example.jp
                serial:33:F3:27:3D:3E:8A:7C:57:29:65:9C:05:81:96:AB:0
D:DC:1F:B3:70
Revoked Certificates:
    Serial Number: 85C87ABC2FD75863920415949E67558D
        Revocation Date: Aug 11 06:55:41 2022 GMT
    Serial Number: 888EBC735CD30C24A736769A1F17DFB6
        Revocation Date: Aug 11 06:55:51 2022 GMT
    Signature Algorithm: sha256WithRSAEncryption
    Signature Value:
        32:35:13:ce:92:ca:3a:41:47:6d:26:fb:f1:4b:b0:87:79:8a:
        e8:89:77:a5:05:fe:d5:88:e5:99:c0:f3:ff:7f:45:f2:d3:e1:
        68:02:c5:a6:2c:63:c5:fb:0d:e9:a6:7c:45:ca:42:0f:c9:77:
        d0:3b:10:ba:a7:dc:1e:8b:58:20:e4:9e:77:51:0c:60:bc:0d:
```

■証明書失効リストの例

〔テレワーク環境構成の検討〕
　P主任は，ネットワーク構築ベンダQ社の担当者に相談して，Q社の製品を利用したテレワーク環境の構成を検討した。P主任が考えたテレワーク環境を図2に示す。また，図2の主要な構成要素の説明を表1に示す。

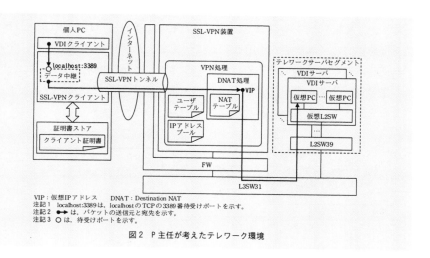

図2　P主任が考えたテレワーク環境

　テレワーク環境のネットワーク構成です。非常に複雑なので，SSL-VPN
クライアントがSSL-VPNトンネルを確立するまでと，確立後にVDIクライ
アントから仮想PCへの接続が確立するまでに分けてみます。

① SSL-VPNトンネルを確立するまで（図3の「SSL-VPNトンネル確立」の矢印まで）

　図2の中で，SSL-VPNトンネルを確立する主な登場人物は，「SSL-VPNク
ライアント（❶）」「SSL-VPN装置（❷）」です。加えて，認証に必要な「ク
ライアント証明書（❸）」と「サーバ証明書（❹，筆者が追記)」です。

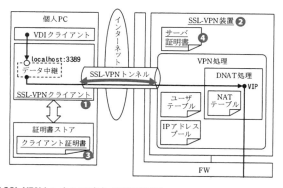

■ **SSL-VPNトンネルの確立（図2の抜粋）**

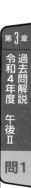

第3章

令和4年度

過去問解説

午後Ⅱ

問1

問題

問題解説

設問解説

また，SSL-VPNトンネルを確立する際には，SSL-VPN装置のユーザテーブルを参照し，ユーザ（利用者ID）に対応したIPアドレスを払い出します。

　SSL-VPNトンネルに関するパケットの送信元と宛先IPアドレス，宛先ポート番号は以下のとおりです。IPアドレスは，前半で整理した図（p.199）のものを使っています。

② 仮想PCへの接続が確立するまで（図3の最後まで）

　仮想PCとの接続に関する主な登場人物は，「VDIクライアント（**⑤**）」と「（VDIサーバの中の）仮想PC（**⑥**）」です。VDIクライアントが，VDIサーバの中の仮想PCに接続します。SSL-VPNトンネルはすでに確立されていて，通信経路上にある「SSL-VPNクライアント（**⑦**）」や「SSL- VPN装置（**⑧**）」がこの通信を中継します。

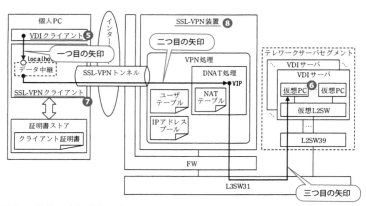

■ **仮想PCへの接続の確立（図2の抜粋）**

　詳しくはあとで説明しますが，図2の矢印が三つに分かれていることに着目してください。この三つの矢印（＝三つの通信）を簡略化すると，次のようになります。

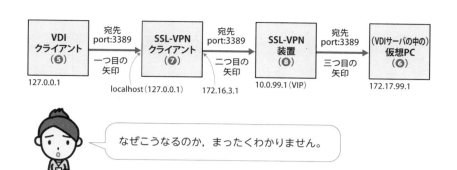

VDIクライアント（❺）	宛先port:3389 一つ目の矢印	SSL-VPNクライアント（❼）	宛先port:3389 二つ目の矢印	SSL-VPN装置（❽）	宛先port:3389 三つ目の矢印	（VDIサーバの中の）仮想PC（❻）
127.0.0.1	localhost（127.0.0.1）	172.16.3.1		10.0.99.1（VIP）		172.17.99.1

なぜこうなるのか、まったくわかりません。

　現時点では、三つに分かれているんだなくらいの理解で十分です。この流れを含めた図2の詳しい解説は、このあとの問題文に記載されています。ここで記載したIPアドレスやポート番号も、のちほど説明します。

　ただ、余談というか愚痴になりますが、今回は中堅の会社という設定であり、なぜこんな複雑な仕組みを採用しているのか、よくわかりません。一般的な構成というよりは、試験のために作られた構成といえます。解説は詳しく行いますが、あまり深く掘り下げて理解する必要はないと思います。問題文の指示に忠実に従い、ネットワークの基礎知識を生かして正答する力を養っているんだと割り切ることをおすすめします。

第3章
過去問解説
令和4年度
午後Ⅱ
問1
問題
問題解説
設問解説

表1　図2の主要な構成要素

名称	説明
仮想PC	利用者の業務で利用するための仮想化された PC である。利用者ごとに仮想 PC があらかじめ割り当てられており、IP アドレスは静的に割り当てられている。それぞれの仮想 PC は RDP 接続を TCP の 3389 番ポートで待ち受けている。

　表1を順に見ていきましょう。まず、仮想PCです。仮想PCが図2のどこにあるか、確認しましょう。なお、仮想PCのIPアドレスが問題文では示されていないので、以降の解説では172.17.99.1/24が仮想PCに割り当てられているとします。

　仮想PCが待ち受けをするのは、Windowsなどの「リモートデスクトップ接続サービス（RDP、ポート番号は3389）」です。

　表1の「説明」にあるとおり、仮想PCは、利用者ごとに割り当てが決まっ

ています。どこで割り当てを管理しているかというと，SSL-VPN装置内にある「ユーザテーブル」です。ユーザテーブルに関しては，表1直後の下線⑨の箇所で解説します。

VDI サーバ	仮想 PC を稼働させるためのサーバである。複数の VDI サーバで，全利用者分の仮想 PC を収容する。システム立上げ時に全仮想 PC が起動される。 VDI サーバ内の仮想 PC は仮想 L2SW に接続される。仮想 L2SW は VDI サーバの物理インタフェースを通じて L2SW39 に接続される。
L2SW39	複数の VDI サーバを収容する L2SW である。

続いてVDIサーバとL2SW39です。特筆すべきことはありません。L2SW39の「39」の意味ですが，図1を見るとスイッチの番号は，本社が10番台，支社が20番台，データセンタが30番台を使っています。今回は新たにテレワークサーバセグメントを作り，連番ではなく離れた番号として39を使ったのでしょう。

SSL-VPN 装置	SSL-VPN 接続要求を受けて SSL-VPN トンネルの処理を行い，仮想 PC へ RDP 接続を中継する。この一連の処理を VPN 処理という。VPN 処理はユーザテーブルと NAT テーブルの二つのテーブルを利用する。DNAT 処理のための仮想的な宛先 IP アドレスである VIP が設定される。

SSL-VPN装置です。VPN処理では，ユーザテーブルとNATテーブルの二つのテーブルを利用します。ユーザテーブルは，ユーザに対応したIPアドレスを払い出すために使います。NATテーブルは，対応する仮想PCのIPアドレスに接続させるための宛先NAT（DNAT）で使います。詳しくは，このあとの問題文で解説があります。

VDI クライアント	個人 PC で，仮想 PC の画面を操作するクライアントソフトウェア
SSL-VPN クライアント	SSL-VPN を利用するために個人 PC にインストールされたソフトウェアモジュールである。証明書ストアに格納されたクライアント証明書を用いて処理を行う。VDI クライアントから localhost の TCP の 3389 番ポートへの接続を受け付け，SSL-VPN 装置にその通信を中継する。

SSL-VPNクライアントは，VDIクライアントからの通信を3389番で待ち受け，VDIサーバの仮想PCにポートフォワードします。

では，図2と表1の説明をもとに，図2の三つの矢印の各パケットを考えます。具体的なパケットは，次ページの図で記載しています。

❶ VDIクライアント ⇒ SSL-VPNクライアント（図2の一つ目の矢印）

図2のlocalhost:3389の記載に着目しましょう。

localhost:3389 ？？？

　ホスト名がlocalhost（＝ループバックアドレスの127.0.0.1），ポート番号が3389という意味です。RDPに限らず，TCPの通信をする場合はIPアドレスとポート番号を指定しますよね。たとえば，IPAのサイトにHTTPSで接続するには，IPアドレスが192.218.88.180（www.ipa.go.jpのIPアドレス），宛先ポート番号に443を指定してパケットを送ります。今回，VDIクライアントは，同じPC内のSSL-VPNクライアントに通信するので，宛先がlocalhostになります。

❷ SSL-VPNクライアント ⇒ SSL-VPN装置（図2の二つ目の矢印）

　SSL-VPNクライアントは，受信したパケットをSSL-VPNトンネルを経由してVIPに送信します。このときパケットの送信元IPアドレスは，SSL-VPNクライアントに割り当てられたIPアドレス（クライアントIPといいます），宛先IPアドレスは仮想PCに対応するVIPです。VIPは，SSL-VPN装置の中に設定した仮想のIPアドレスです。

IPアドレスがたくさん出てきて，わけがわかりません。

嫌になりますね。ちょっとだけ整理しておきます。

■接続において使用されるIPアドレスとその内容

IPアドレス	装置（または ソフトウェア）	説明	割当て方法
クライアント IP	SSL-VPN クライアント	SSL-VPN装置に接続する際の送信 元IPアドレスとして利用される。	SSL-VPN装置のIPアドレ スプールから自動割当て
VIP	SSL-VPN 装置	DNAT処理のための仮想的な宛先 IPアドレス。SSL-VPNクライアン トの接続先のIPアドレスとして利 用される。DNATによって仮想PC のIPアドレスに変換される。	SSL-VPN装置が動的 に作成
仮想PCの IPアドレス	仮想PC	仮想PCの実IPアドレス	静的割当て

　これら三つのIPアドレスは，すべてユーザごとに異なります。

❸ SSL-VPN装置 ⇒ 仮想PC（図2の三つ目の矢印）

　SSL-VPN装置がVIP宛てのパケットを受信すると，宛先IPアドレスを仮想PC宛てにDNAT（Destination NAT：宛先NAT）機能で変換します。このとき参照するのがNATテーブルです。NATテーブルでは，VIPと仮想PCのIPアドレスが1:1で対応づけられています（ここではVIPを10.0.99.1とします）。

※ただし，VIPに関する説明が問題文にないので，このあたりは憶測が入っています。

　❶～❸の具体的なパケット例は以下のとおりです。

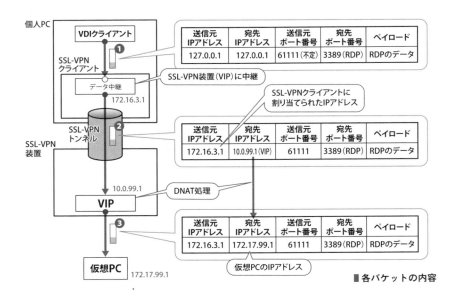

■各パケットの内容

SSL-VPN装置の⑨ユーザテーブルは，SSL-VPN接続時の処理に必要な
情報が含まれるテーブルであり，仮想PCの起動時に自動設定される。

下線⑨の設問の答えになってしまいますが，ユーザテーブルのイメージを
示します。

■ユーザテーブルのイメージ

ユーザ（利用者ID）	仮想PCのIPアドレス（静的）
user1234	172.17.99.1
user3333	172.17.99.3
user5678	172.17.99.5

ここにあるように，ユーザテーブルは，(SSL-VPN接続をしたときではなく)
仮想PCの起動時に自動設定されます。保持する情報は，仮想PCに対応づ
けられたユーザ名と，仮想PCのIPアドレスです。

仮想 PC が SSL-VPN 装置のテーブルを
設定するのですか？ どうやって？

問題文に書いていないので，わかりません。仮想PCにはSSL-VPN装置に
自動設定するためのエージェントがインストールされているかもしれません。
先ほども言いましたが，ある程度割り切って読み進めましょう。

SSL-VPN装置のNATテーブルは，SSL-VPNクライアントからの通信
を適切な仮想PCに振り向けるためのテーブルである。SSL-VPN装置が
SSL-VPNトンネルからVIP宛てのパケットを受けると，適切な仮想PCの
IPアドレスにDNAT処理して送る。この処理のためにNATテーブルがあ
り，SSL-VPNで認証処理中にエントリが作成される。

VIPとは，表1に「DNAT処理のための仮想的な宛先IPアドレス」とあります。
SSL-VPNクライアントからのパケットを一旦VIPで受信し，宛先IPアドレス
を仮想PCのIPアドレスに書き換え，仮想PC宛てに送信します。
NATテーブルのイメージは次ページのとおりです。DNAT（Destination
NAT：宛先NAT）なので，宛先IPアドレスだけ書き換えます。その他の送信

第3章
令和4年度
過去問解説
午後Ⅱ
問1
問題
問題解説
設問解説

元IPアドレス，送信元ポート番号，宛先ポート番号は書き換えません。

■NATテーブルのイメージ

変換前の宛先IPアドレス （VIP）	変換後の宛先IPアドレス （仮想PCのIPアドレス）
10.0.99.1	172.17.99.1
10.0.99.3	172.17.99.3
10.0.99.5	172.17.99.5

なぜVIPを使うんでしょうか。SSL-VPNクライアントが，最初から仮想PCのIPアドレス宛てに通信すればいいと思います。

　問題文にはVIPの詳しい動作や，VIPを使う背景が示されていないので明確な理由はわかりません。繰り返しですが，割り切って考えましょう。
　正直，SSL-VPN装置では，今回のようにポートフォワーディングワーディング方式を使わずに，L2フォワーディング方式を使ったほうが楽です。まあ，問題文の指示なので，それに従うしかありませんが……。

　IPアドレスプールは，SSL-VPNクライアントに付与するIPアドレスのためのアドレスプールであり，172.16.3.1～172.16.3.254を設定する。

　SSL-VPNクライアントがlocalhost:3389で受信したあとに，VIPにパケットを送信します。IPアドレスプールは，このときの送信元IPアドレスとして利用されます。

VDIクライアントではなく，SSL-VPNクライアントにIPアドレスを割り当てるんですね？

　はい，そうです。
　ちなみに，VDIクライアントは127.0.0.1のIPアドレスを使います。

　さて，NATテーブル，ユーザテーブル，IPアドレスプールに関して，これまでの流れとともに次ページの図に整理しました。簡単に確認しておきま

しょう。

まず，仮想PCが起動すると，SSL-VPN装置のユーザテーブルが設定され
ます（下図❶）。また，個人PCがSSL-VPNで接続すると，SSL-VPN装置の
IPアドレスプールからSSL-VPNクライアントにIPアドレスを割り当てます。
加えて，SSL-VPN装置内のNATテーブルのエントリを作成します。

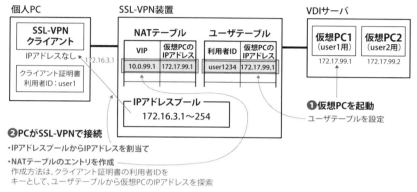

■NATテーブル，ユーザテーブル，IPアドレスプールが利用される様子

P主任が考えた，図2のテレワーク環境のVDIクライアントから仮想PC
までの接続シーケンスを図3に示す。

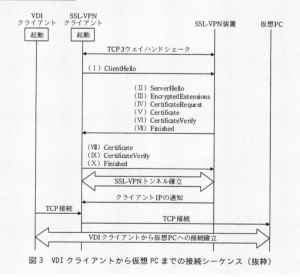

図3　VDIクライアントから仮想PCまでの接続シーケンス（抜粋）

接続シーケンスはすでに解説したとおりですが，少し補足します。

- （Ⅰ）のClientHelloでは，クライアント（SSL-VPNクライアント）からサーバ（SSL-VPN装置）に対して，利用可能な暗号化アルゴリズムの一覧を伝えます。それを受け取ったサーバは，クライアントに対して使用するアルゴリズムを通知するServerHelloを送信します。この点は，H29年度 午後Ⅰ問1で問われたので，覚えておくといいでしょう。
- SSL-VPNクライアントから仮想PCまでは，一つの「TCP接続」になっています。図2では矢印が分かれていましたが，SSL-VPN装置では，単にNAT処理をしているだけです。一連のTCP接続とみなしたのでしょう。

図3の動作の概要を次に示す。
(1) 個人PCでSSL-VPNクライアントとVDIクライアントを起動する。
(2) SSL-VPNクライアントは，SSL-VPN装置に対するアクセスを開始する。
(3) SSL-VPN装置は，クライアント証明書による認証を行う。
(4) SSL-VPNクライアントとSSL-VPN装置間に，TLSセッションが確立される。このTLSセッションはSSL-VPNトンネルとして利用する。

図3の動作の説明が記載されています。この（4）までが，図3のSSL-VPNトンネル確立までです。特筆すべきことはありませんが，図3と照らし合わせてご自身で理解を深めてください。

(5) SSL-VPN装置は，SSL-VPNクライアントに割り当てるIPアドレスを管理するためのIPアドレスプールからIPアドレスを割り当て，SSL-VPNクライアントに通知する。この割り当てられたIPアドレスを，クライアントIPという。
(6) SSL-VPN装置は，⑩ユーザテーブルを検索して得られるIPアドレスを用いて，NATテーブルのエントリを作成する。
(7) SSL-VPNクライアントは，localhost:3389の待ち受けを開始する。
(8) VDIクライアントは，localhost:3389へTCP接続を行う。
(9) SSL-VPNクライアントは，SSL-VPNトンネルを通じて，VIPの3389番ポートへ向けてのTCP接続を開始する。

（10）SSL-VPN装置は，VIPに届いた一連のパケットをDNAT処理して仮想PCに転送する。これによって，SSL-VPNクライアントと仮想PCの間にTCP接続が確立する（以下，この接続をリモート接続という）。

（11）SSL-VPNクライアントは，localhost:3389とリモート接続の間のデータ中継を行う。

　上記の（1）～（11）によって，VDIクライアントから仮想PCまでの接続が確立し，個人PCから仮想PCのデスクトップ環境が利用可能になる。

　（5）～（11）は，VDIクライアントから仮想PCに接続を確立するまでの流れです。こちらもすでに解説したとおりです。図2と照らし合わせて理解して下さい。

ここまでの問題文で，設問4に解答できます。

〔ネットワーク冗長化の検討〕
　次にP主任は，次のようにネットワークの冗長化を考えた。P主任が考えた新たな冗長化構成を図4に示す。

　ここからは内容が大きく変わり，ネットワークの冗長化についてです。SSL-VPNの話題は忘れてもらって構いません。

- PCと業務サーバの間のネットワーク機器のうち，PCを収容するL2SW以外の機器障害時に，PCから業務サーバの利用に影響がないようにする。

　「PCを収容するL2SW」とは，このあとの図4のL2SW11やL2SW12などが該当します。これら以外の機器，たとえばL3SW11やL2SW13，L3SW31などを冗長化します。

　なぜPCを収容するL2SWは冗長化しないのですか？

業務サーバが停止すると，業務への影響は甚大です。一方，PCが数台使

えなくなることは，それほど問題ではないと考えたのでしょう。仮にL2SW
が故障したとしても，別のL2SWにPCを手動で接続しなおせばいいだけで
すからね。

> ・拠点間接続の冗長化のために，新たにN社の広域イーサネットを契約す
> る。その回線速度と接続トポロジは現行のM社広域イーサネットと同
> 等とする。
> ・通常は，M社とN社の広域イーサネットの両方を利用する。

二つの広域イーサネットで負荷分散するということですか？

　はい，そうです。その実現技術として，OSPFを使います。専用装置を使
わずにOSPFでそんなことができるの？と思われるかもしれません。詳しく
はこのあとの問題文に解説がありますが，OSPFで実現可能です。

> ・本社にL2SW13，L2SW14，L3SW12，支社にL2SW23，L2SW24，L3SW22，
> データセンタにL2SW32〜L2SW35，L3SW32を新たに導入する。

　冗長化のために導入するスイッチが記載されています。図1とこのあとの
図4を対比して見ておくといいでしょう。

> ・業務サーバのNICはチーミングを行う。

　PCと違って業務サーバは重要性が高いので，NICを冗長化します。そして，
二つのL2SW（L2SW31とL2SW32）のそれぞれとLANケーブルで接続しま
す。こうすることで，L2SWやLANケーブル，NICの片方が故障しても通信
を継続できます。

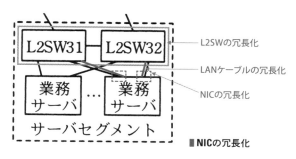

	L2SWの冗長化
	LANケーブルの冗長化
	NICの冗長化

■ NICの冗長化

> チーミングにもいくつか設定がありましたよね？

　はい，Active-StandbyやActive-Activeなどが選択できます。今回は，L2SW
をスタック接続するとか，リンクアグリゲーションを構成するなどの記述が
ないので，Active-Standbyで設定されていると思われます。

・サーバセグメントに接続されているL3SWはVRRPによって冗長化を行
　う。

　今回の場合，L3SWを冗長化するために，VRRPの設定をします。サーバ
やクライアントでは，VRRPの仮想IPアドレスをデフォルトゲートウェイに
設定します。この構成にすると，L3SWが1台壊れたとしても，VRRPによっ
て故障していないL3SWを経由して通信を継続することができます。

> サーバセグメントのL3SWだけにVRRPの設定をしますか？
> 本社などはどうですか？

　問題文にはサーバセグメントしか示されていませんが，本社や支社の
L3SWもVRRPで冗長化していることでしょう。本社や支社のVRRPは，設
問に関係しないので省略したと考えられます。

　経路制御にはOSPFを利用します。このあとの図4に冗長化構成の図があ
りますが，どこにOSPFのパケットが流れるかがわかるように，色枠で囲い
ました。FWがOSPFを動かしている可能性はありますが，問題文に記載が
ないので，FWはOSPFのエリアに含まれないことにしました。

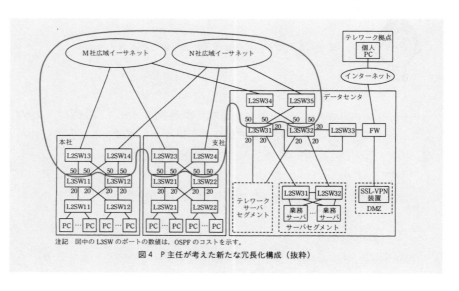

注記　図中のL3SWのポートの数値は，OSPFのコストを示す。

図4　P主任が考えた新たな冗長化構成（抜粋）

　OSPFのコストが記載されていますが，設問5（2）で使います。

　ECMPとは，ルーティングにおける負荷分散の仕組みです。最適経路が複
数ある場合に，経路を分散してパケットを転送します。これにより，経路の
冗長化と負荷分散の両方を実現します。ECMPは，OSPFに限らず，RIPや
静的経路でも利用できます。また，ECMPの設定は基本的には不要で，等コ

ストであれば自動で負荷分散します。

今回の構成だと，自然に等コストになります。コストを設定しなくても負荷分散するのではないでしょうか？

　はい，機器にもよりますが，全インタフェースですべて同じ速度（たとえば1Gbps）であれば，コスト設定しなくても自動的にECMPが動作します。というのも，コスト値はインタフェース速度に基づいて自動で設定されるからです。問題文に，N社とM社の回線速度は「同等とする」とありました。ただ，確実にコストを等しくするために（または，単に設問のために），明示的にコスト値を設定したのでしょう。

　下線⑪に関して，ECMPが使えるようにコスト設定した理由が設問5（1）で問われます。

> その場合，例えば⑫L3SW11のルーティングテーブル上には，サーバセグメントへの同一コストの複数の経路が確認できる。

　下線⑫に関しては，設問5（2）で解説します。このとき，実際のルーティングテーブルもお見せします。

> 　K社で利用しているL3SWのベンダにECMPの経路選択の仕様を問い合わせたところ，次の仕様であることが分かった。
> ・最大で四つの同一コストルートまでサポートする。
> ・動作モードとして，パケットモードとフローモードがある。
> ・パケットモードの場合，パケットごとにランダムに経路を選択し，フローモードの場合は，送信元IPアドレスと宛先IPアドレスからハッシュ値を計算して経路選択を行う。

　経路選択の仕様として，パケットモードとフローモードがあります。両者の違いを次ページに整理します。

■パケットモードとフローモードの違い

	パケットの処理方法	特徴	利点
パケットモード	パケットごとにランダムに経路を選択	同じ宛先でも，パケットごとに経路がバラバラ	パケット単位で経路を分けるので通信の偏りが少なくなる
フローモード	送信元IPアドレスと宛先IPアドレスごとに選択	送信元と宛先が同じであれば，経路は固定	通信品質（遅延など）への影響が少ない

普通はどちらを使うのですか？

　フローモードです。デフォルト設定もフローモードです。なぜそうなるか，具体的な違いを含めて図で見ていきましょう。

　PCから業務サーバへ複数のパケットを送信するとします。L3SW11とL3SW12はVRRPが設定してあり，L3SW11がマスタルータです。この構成では，L3SW11から業務サーバのセグメントへの最適経路は，四つあります。

①パケットモードの場合

　送信元IPアドレスと宛先IPアドレスの組み合わせが同じであっても，四つの経路をすべて使用してパケットを送信します。仮に❶❷❸❹の四つのパケットを，❶→❷→❸→❹の順で送ったとします。この方式では，パケットの到着順序が❷→❸→❶→❹などと逆転することがあります。なぜなら，到着時間は，経由する機器の処理能力や回線帯域に影響されるからです。その結果，通信品質が不安定になる可能性があります。

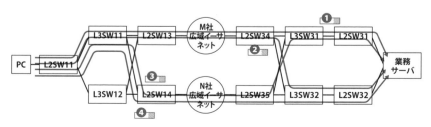

■パケットモード

②フローモードの場合

　送信元IPアドレスと宛先IPアドレスの組み合わせが同じであれば，常に同じ経路を使ってパケットを送信します。この方式では，パケットモードのデメリットである通信品質面の不安定さは改善します。これが，フローモードが利用される理由です。ただ，常に同じ経路を通る（＝通信が偏る）ので，適切な負荷分散ができない可能性があります。この点は設問5（4）に関連します。

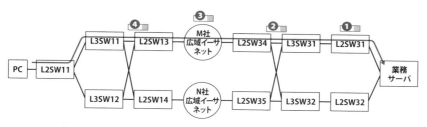

■ フローモード

> 問題文に「最大四つ」とありました。最適な経路が五つ以上ある場合にはどうなりますか？

　ルータやL3SWの仕様によります。設定によって五つ以上の経路を利用できる機種もあれば，ネクストホップのIPアドレスが小さい順に経路を四つだけ使う，などいろいろです。

> 　P主任は，K社の社内のPCと業務サーバ間の通信における⑬通信品質への影響を考慮して，フローモードを選択することにした。また，フローモードでも⑭複数回線の利用率がほぼ均等になると判断した。

　下線⑬は設問5（3）で，下線⑭は設問5（4）で解説します。

第3章
令和4年度
過去問解説
午後Ⅱ
問1
問題
問題解説
設問解説

次に，P主任は，サーバセグメントに接続されているL3SWの冗長化について，図5のように行うことにした。

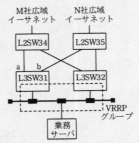

図5　サーバセグメントに接続されている L3SW の冗長化

図5において，L3SW31とL3SW32でVRRPを構成し，L3SW31がVRRPマスタとなるように優先度を設定する。

VRRPの構成です。VRRPはこの試験では頻出問題なので，何もないところから設計できるようにしておきましょう。具体的な設計や設定は，p.230の参考解説に記載しました。

> ちなみに，VRRP を設定するのは，L3SW31 と L3SW32 の業務サーバ側のインタフェースだけですか？

はい，業務サーバ側のインタフェースだけです。反対側のインタフェースはOSPFで冗長化します。ただし，戻りのパケットがどちらのL3SWに届くかはわかりません。OSPFのルーティングテーブルに従うので，VRRPのマスタ側ルータに届く保証はありません。ですが，L3SW31とL3SW32のどちらに戻りパケットが届いても，通信上は問題ありません。

また，L3SW31において，⑮図5中のa又はbでの障害をトラッキングするようにVRRPの設定を行う。これによって，a又はbのインタフェースでリンク障害が発生した場合でも，業務サーバからPCへのトラフィックの分散が損なわれないと考えた。

トラッキング（tracking）とは，「追跡」という意味です。aやbでの障害を追跡（というか，検知）して，VRRPのマスタルータを切り替えます。

なぜこの設定が必要なのですか？ これまでの試験では，こんな設定を見たことがありません。

問題文にあるとおり，業務サーバからPCへの**トラフィックの分散を損なわない**ためです。ただ，この説明だと意味がわからないでしょうから，具体的に解説します。

インタフェースa，bともに正常な場合，VRRPのマスタはL3SW31です。ですので，業務サーバからPCへのトラフィックはすべてL3SW31に届きます。ECMPによってaとbのインタフェースは均等に利用され，M社広域イーサネットと，N社広域イーサネットは均等に利用されます。

ここで，仮にaのインタフェースが故障したとします。このとき，VRRPのマスタルータは切り替わると思いますか？

切り替わらないのですか？

はい，VRRPは，VRRPアドバタイズメントが届かなくなると切り替わるからです。aのインタフェースが故障しても，VRRPアドバタイズメントは業務サーバ側のインタフェース経由で届くので，VRRPの切り替わりは発生しません。しかし，この状態ではN社広域イーサネットにすべてのトラフィックが集中します。bのインタフェースしか利用できないからです（次ページ図の左）。

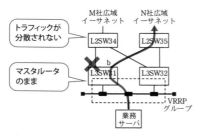

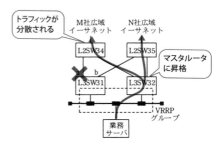

■**L3SW31がマスタルータのままの場合**　■**L3SW32がマスタルータになった場合**

　そこで，aまたはbに障害が起きた場合，VRRPのマスタをL3SW32に切り替わるように設定します。すると，業務サーバからPCへのトラフィックはすべてL3SW32に届くようになります。L3SW32に入ったトラフィックは，M社広域イーサネットとN社広域イーサネットに均等に分散されます（上図の右）。

　P主任は，以上の技術項目の検討結果について情報システム部長に報告し，SSL-VPN導入，N社とS社サービス利用及びネットワーク冗長化について承認された。

　問題文は以上です。疲れましたね。

▶▶▶

参考　**VRRP の設計**

　今回の図5のVRRP設計の例をCatalystのConfig例とともに紹介します。サーバセグメントのVLAN番号を30，ネットワークアドレスを172.17.0.0/24，VRRPのID（VRID）を1とします。VRRP仮想IPアドレスは172.17.0.254，L3SW31とL3SW32のIPアドレスをそれぞれ172.17.0.252と172.17.0.253とします。L3SW31をマスタルータにするため，優先度はL3SW31のほうを大きく（100），L3SW32を小さく（90）しておきます。

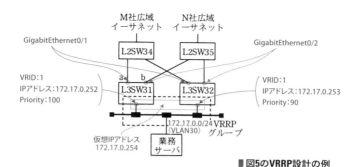

■図5のVRRP設計の例

■L3SW31の設定

```
track 1 interface GigabitEthernet0/1 line-protocol ←L2SW34との接続をトラッキング
track 2 interface GigabitEthernet0/2 line-protocol ←L2SW35との接続をトラッキング
interface Vlan 30
 ip address 172.17.0.252 255.255.255.0 ←実IPアドレスの設定
 vrrp 1 ip 172.17.0.254 ←仮想IPアドレスの設定
 vrrp 1 priority 100 ←優先度の設定
 vrrp 1 track 1 decrement 20 ←トラッキングの設定1（L2SW34とのリンクがダウンしたら，優先
                               度を20下げる）
 vrrp 1 track 2 decrement 20 ←トラッキングの設定2（L2SW35とのリンクがダウンしたら，優先
                               度を20下げる）
```

■L3SW32の設定

```
track 1 interface GigabitEthernet0/1 line-protocol ←L2SW34との接続をトラッキング
track 2 interface GigabitEthernet0/2 line-protocol ←L2SW35との接続をトラッキング
interface Vlan 30
 ip address 172.17.0.253 255.255.255.0 ←実IPアドレスの設定
 vrrp 1 ip 172.17.0.254 ←仮想IPアドレスの設定
 vrrp 1 priority 90 ←優先度の設定
 vrrp 1 track 1 decrement 20 ←トラッキングの設定1（L2SW34とのリンクがダウンしたら，優先
                               度を20下げる）
 vrrp 1 track 2 decrement 20 ←トラッキングの設定2（L2SW35とのリンクがダウンしたら，優先
                               度を20下げる）
```

「track」とあるのは，トラッキングの設定です。トラック対象のインタフェースの障害（リンクダウン）を検知した場合に，VRRPの優先度を下げて，VRRPの切り替わりを促します。たとえば，L2SW31においてL2SW34との接続（aのインタフェース）がダウンしたとします。トラッキングの設定によってVRRPの優先度が20下がって100から80になります。するとL3SW32の優先度が90なので，L3SW32の優先度のほうが高くなり，VRRPのマスタがL3SW32に切り替わります。

第3章
令和4年度
過去問解説
午後Ⅱ
問1
問題
問題解説
設問解説

設問の解説

空欄ア

問題文の該当箇所は以下のとおりです。

> ・TLSプロトコルのセキュリティ機能は，暗号化，通信相手の認証，及び　ア　である。

TLSプロトコルのセキュリティ機能に関する出題です。この問題は，ネットワークスペシャリストおよび情報処理安全確保支援士試験でも過去に問われたことがあります。たとえば，以下はH30年度午後Ⅱ問1での出題例です。

> TLSには，情報を　ア：暗号化　する機能，情報の改ざんを　イ：検知　する機能，及び通信相手を　ウ：認証　する機能がある。

過去問の学習はやはり大事ですね。

はい，本当にそう思います。繰り返し解いてほしいと思います。さて，この問題の空欄アですが，「暗号化」と「認証」はすでに記載されています。よって，正解は「改ざんの検知」です。

解答	改ざん検知

TLSは通信のセキュリティを保ちます。セキュリティの3要素である「機密性」「完全性」「可用性」の観点からも，「完全性」つまり，「改ざんの検知」

が浮かんだ人もいたことでしょう。

問題文の該当箇所は以下のとおりです。

- SSL-VPNは，リバースプロキシ方式，ポートフォワーディング方式，
  [　イ　]方式の3方式がある。
- [　イ　]方式のSSL-VPNは，動的にポート番号が変わるアプリケー
  ションプログラムでも社内のノードへのアクセスを可能にする。
- ポートフォワーディング方式のSSL-VPNは，社内のノードに対して
  TCP又はUDPの任意の[　ウ　]へのアクセスを可能にする。

SSL-VPNの3方式は知識問題です。H29年度 午後Ⅰ問1で，この3分類
が記載され，空欄イのL2フォワーディング方式が採用されています。また，
H25年度 午後Ⅰ問1では，ポートフォワーディング方式に関して詳しい説明
がありました。繰り返しになりますが，過去問をしっかり復習しましょう。

解答 空欄イ：L2フォワーディング　　　空欄ウ：ポート

問題文の該当部分は以下のとおりです。

「・認証局（以下，CAという）によって発行された電子証明書には，②
証明対象を識別する情報，有効期限，[　エ　]鍵，シリアル番号，CA
のデジタル署名といった情報が含まれる。」
「TLSプロトコルにおける鍵交換の方式には，クライアント側でランダ
ムなプリマスタシークレットを生成して，サーバのRSA[　エ　]鍵で
暗号化してサーバに送付することで共通鍵の共有を実現する，RSA鍵交
換方式がある。」

この問題文の二つの記述から論理的に答えを導こうとすると，難しく見え

るかもしれません。ですが，設問1の穴埋め問題だから，基本的なキーワードだと割り切って考えると，答えは単純です。「○○鍵」のキーワードだと，公開鍵，秘密鍵，共通鍵などがあります。このうち，秘密鍵はその名のとおり秘密にしておかなければいけませんし，共通鍵は暗号化通信をする相手とだけ共有する鍵です。電子証明書は公開されるものなので，その中にある鍵は公開されても問題ない鍵，つまり公開鍵が正解です。

解答 公開

参考までに，実物の証明書で確認しましょう。右図はIPAの電子証明書です。ハイライトしてある部分を見てもらうと，「公開キー」として，「RSA」とあります。これは，RSA暗号方式による公開鍵であることを表しています。色枠で囲った部分が，実際の公開鍵の生データです。

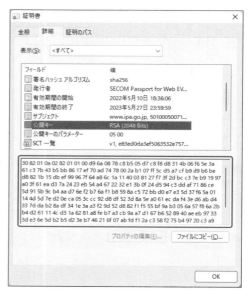

■IPAの電子証明書に含まれる公開鍵

空欄オ

問題文の該当部分は以下のとおりです。

• SSL-VPN装置がRDPだけで利用されることを踏まえ，SSL-VPNの接続方式は　　オ　　方式とする。

リバースプロキシ方式，ポートフォワーディング方式，　　イ　　方式

の三つの接続方式から一つを選びます。

三つめのイは空欄になっているので，
これ以外ではないですか？

　ですよね。同じ答えを空欄イとオで2回書かせるのはなんとなく不自然です。なので，リバースプロキシ方式かポートフォワーディング方式だとアタリがついたことでしょう。まあ，そのあとの文章を読んでも正解が導けます。今回はRDP（TCP3389番ポート）を使います。リバースプロキシ方式はWebアプリケーション限定ですし，RDPは動的にポート番号が変わるわけではないので，| イ：L2フォワーディング |は不要です。

| **解答** | ポートフォワーディング |

第3章
過去問解説
令和4年度
午後Ⅱ
問1
問題
問題解説
設問解説

空欄カ

問題文の該当部分は以下のとおりです。

TLS1.3で規定されている鍵交換方式は，| カ |，ECDHE，PSKの3方式である。

　難しい問題でした。答えられなくても仕方がなかったことでしょう。筆者も本試験では答えられません。

　TLS1.3で規定された鍵交換方式は，DHE，ECDHE，PSKの3方式です。

①DHE（Ephemeral Diffie-Hellman）

　Ephemeralは「一時的な」という意味です。DH（Diffie-Helman）では，通信相手の電子証明書の公開鍵と自身の秘密鍵を基に共通鍵（＝セッション鍵）を共有します。これに対してDHEでは，一時的（Ephemeral）な公開鍵と秘密鍵を生成し，これを基に共通鍵（＝セッション鍵）を共有します。公開鍵と秘密鍵が固定されているDHに比べて，公開鍵と秘密鍵が毎回動的

に変化するDHEのほうがセキュリティが高まります。

> DHを使っても，実際に通信をする際の共通鍵
> （＝セッション鍵）は毎回変わるんですよね？
> DHでも安全な気がしますが。

　電子証明書を一度作成すると，最低1年くらいは変えないことが一般的です。ということは，それに対応する公開鍵や秘密鍵も変更しません。なので，秘密鍵が漏えいすると，セッション鍵を復元できますから，すべての通信が復元できてしまいます。それは非常に危険ですよね。この点は，このあとの設問3（4）に関連します。またそのとき説明しますが，DHEはPFS（Perfect Forward Secrecy）に対応した方式です。

②ECDHE（Ephemeral Elliptic Curve Diffie-Hellman）

　ECDH（楕円曲線暗号を使ったDH）と同じアルゴリズムを使います。DHとDHEの違いと同様で，共通鍵（＝セッション鍵）の基になる公開鍵と秘密鍵を動的に作成し，セキュリティを高めたのがECDHE方式です。

③PSK（Pre Shared Key）

　事前共有鍵（Pre Shared Key）を共有する方式です。無線LANでも使われるキーワードなので，見たことがある方も多いことでしょう。ただし，PSKを使うには，クライアント・サーバの両方で設定をしなければなりません。不便なため，一般的にはあまり利用されていません。

解答	DHE

設問2

　　〔SSL-VPN技術調査とテレワーク環境への適用〕について，(1)，(2)に答えよ。

(1) 本文中の下線①について，同時に行われる二つのセキュリティ処理を答えよ。

問題文の該当部分は以下のとおりです。

TLS1.3ではAEAD（Authenticated Encryption with Associated Data）暗号利用モードの利用が必須となっており，①セキュリティに関する二つの処理が同時に行われる。

さっぱりわかりません。

はい，難しい問題でした。受験生のほとんどがAEADを知らなかったと思います。ここだけの話，私も知りませんでした。過去問解説の本を書いているから，私のことを何でも知っているプロと思われているかもしれません。ですが，所詮，私の知識なんてその程度です。もし，皆さんの周りにネットワークスペシャリストの合格者がいたら，聞いてみましょう。「AEADって何ですか？」と。おそらく知らないでしょう。知らなくても合格できるんです。

余談はこれくらいにして，解説に入ります。

まず，「利用モード」とは，「ブロック暗号アルゴリズムを用いてブロック長よりも長いデータを暗号化する際に使われる技術」（H27年度秋期SC試験午後II）のことです。これを説明すると長くなるので割愛しますが，同じAESを使った暗号でも仕組みがいろいろあるんだな，くらいに考えてください。

TLS1.3では，TLS1.2で利用できた古い暗号化アルゴリズムを削除し，AEAD暗号利用モードが必須になりました。AEAD（Authenticated Encryption with Associated Data）とは「認証付きの暗号」です。

AEADに関して，暗号における「認証」ってどういう意味ですか？

認証といっても，ユーザ認証のような本人を認証するのではなく，メッセージが改ざんされていないことを検証する**メッセージ認証**です。具体的には，TLS1.3では，**暗号化**の機能に加え，MACによるメッセージ認証機能が

付いた利用モードを使うことが必須になりました。たとえば，TLS1.2で使っていた CBC（Cipher Block Chaining）は TLS1.3 では使えなくなりました。代わりに GCM（Galois/Counter Mode）などを使います。

　さて，ここまで説明してきたとおり，認証付きの暗号である AEAD では，暗号化とメッセージ認証が行われます。

解答	・暗号化	・メッセージ認証

　難しかったと思うのですが，セキュリティの3要素は機密性，完全性，可用性です。その観点から，苦し紛れでも，せめて「暗号化」だけは書きたいところです。

設問2

(2) 本文中の下線②について，電子証明書において識別用情報を示すフィールドは何か。フィールド名を答えよ。

　問題文の該当部分は以下のとおりです。

- 認証局（以下，CA という）によって発行された電子証明書には，②証明対象を識別する情報，有効期限，　エ　鍵，シリアル番号，CA のデジタル署名といった情報が含まれる。

　クライアント証明書の中の「証明対象を識別する情報」を見てみましょう。その他にも，有効期限やシリアル番号も確認できます。

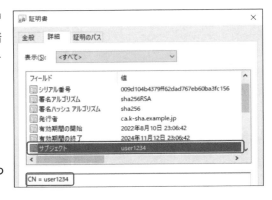

■ クライアント証明書の中の
証明対象を識別する情報

今回は完全な知識問題です。上記にあるように，"サブジェクト"フィールド中のCN（Common Name）が「証明対象（＝誰の証明書か）を識別する情報」です。

　ただ，今回は「CN」を答えさせる設問ではありません。設問には"フィールド名を答えよ"とあります。証明対象を識別する情報は「サブジェクト」というフィールド名で，これが答えです。公式解答では英語表記でしたが，「サブジェクト」とカタカナで答えても正解になったことでしょう。

マニアックな問題ですね。

　若干，そう思います。ただ，電子証明書を見るときに重要なのが，Subject（サブジェクト）のCNです。たとえば，IPAのサイト（https://www.ipa.go.jp）に接続するとき，URLとCNに書かれたwww.ipa.go.jpとが一致するか確認します。ここが一致しないと，ブラウザから警告が出ます。これを機に，Subjectという言葉を覚えておきましょう。

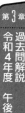

前ページの証明書では，サブジェクトの中身はCNだけだったが，サーバ証明書の場合，会社名や団体名を示すO（Organization）や国名を示すC（Country）などが含まれる。

■ **IPA**の電子証明書の**Subject**の内容

〔SSL-VPNクライアント認証方式の検討〕について，(1) ～ (6) に答えよ。

(1) 本文中の下線③について，クライアント証明書で送信元の身元を一意に特定できる理由を，"秘密鍵"という用語を用いて40字以内で述べよ。

問題文の該当部分は以下のとおりです。

・個人PCからSSL-VPN装置に接続を行う時に利用者のクライアント証明書がSSL-VPN装置に送られ，③SSL-VPN装置はクライアント証明書を基にして接続元の身元特定を行う。

問題文でも解説しましたが（p.207），クライアント証明書は，図3の（Ⅷ）で相手に送信するので，他の人が保持する可能性があります。であれば，他人の証明書を使って「なりすまし」をされるリスクがあります。特に，サーバ証明書なんてオープンになっていますから，誰でも見えてしまいます。

そこで，（Ⅸ）のCertificateVerifyによって，クライアント証明書の持ち主であることを証明します。問題文でも簡単に解説しましたが，改めて検証方法を解説します。

❶図3（Ⅰ）～（Ⅷ）のメッセージのハッシュ値を，**クライアントの秘密鍵で暗号化**してSSL-VPN装置に送る。

❷SSL-VPN装置は，クライアント証明書内の公開鍵を使って，❶の暗号化データを復号する。

❸SSL-VPN装置は，（Ⅰ）～（Ⅷ）のメッセージのハッシュ値を自ら計算し，❷で復号したデータと比較する。両者が一致すれば，クライアントが秘密鍵をもっている，つまり本人であることを確認できる。

身元を一意に特定できる理由は，上記のようにクライアント証明書の公開鍵に対する秘密鍵は，本人しか保有していないからです。

> CertificateVerify なんて初めて聞いたので，難しすぎます。

　たしかにそうです。多くの受験者はCertificateVerify を知らなかったことでしょう。でも，試験では合格するために答えを書かなければいけません。ではどうするか。問題文や設問文のヒントだけで答えを書くのです。設問では，「送信元の身元を一意に特定できる理由」が問われ，"秘密鍵"という言葉を使って答えます。皆さんの知識であれば，少なくとも「秘密鍵は本人しかもっていないから」くらいは書けるはずです。ここまでくれば，あと一歩です。「クライアント証明書」の言葉は必須なので，無理やりでもくっつけます。すると，「クライアント証明書に対応する秘密鍵は本人しかもっていないから」という解答になります。CertificateVerify を知らなくても，正解または部分点を取った人はたくさんいることでしょう。

設問3

(2) 本文中の下線④について，クライアント証明書の検証のために，あらかじめSSL-VPN装置にインストールしておくべき情報を答えよ。

問題文の該当部分は以下のとおりです。

・TLSプロトコルのネゴシエーション中に，④クライアント証明書がSSL-VPN装置に送信され，SSL-VPN装置で検証される。

まず，クライアント証明書の署名作成から検証の流れを説明します。

❶クライアント証明書の署名作成：クライアント証明書をハッシュした

ハッシュ値をCAの秘密鍵で暗号化することで，署名を作成します。

❷クライアント証明書を，署名をつけてSSL-VPN装置に送付します。

❸SSL-VPN装置では，クライアント証明書をハッシュしたハッシュ値と，署名をCAの公開鍵で復号したデータを比較し，両者が一致するかを確認します。一致すれば，クライアントが正規のものであることが検証できます。

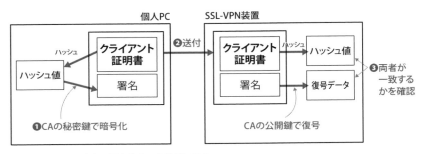

■ **クライアント証明書の署名作成から検証の流れ**

ということは，検証のためには「CAの公開鍵」が必要ですね。

　はい。CAの公開鍵は，CAのルート証明書に含まれています。ですので，SSL-VPN装置には，あらかじめCAのルート証明書をインストールしておきます。

解答	CAのルート証明書

設問3

(3) 本文中の下線⑤について，検証によって低減できるリスクを，35字以内で答えよ。

　問題文には，「⑤SSL-VPN装置からサーバ証明書が個人PCに送られ，個人PCで検証される」とあります。

問題文でも説明しましたが（p.207），SSL-VPN装置が下線⑤のサーバ証明書を送る目的は，**なりすまされた不正な装置ではなく**，正規の装置であることを証明するためです。「個人PCで検証される」とありますが，検証の流れは，先の設問3（2）説明したのと考え方は同じです。

　では，解答を考えます。設問では，「検証によって低減できるリスク」が問われています。文末を「リスク」で終えることで，解答の方向性がズレないようになります。

> **解答例** **なりすまされたSSL-VPN装置へ接続してしまうリスク**（27字）

設問3

（4）本文中の下線⑥について，TLS1.3で規定されている鍵交換方式に比べて，広く復号されてしまう通信の範囲に含まれるデータは何か。"秘密鍵"と"漏えい"という用語を用いて，25字以内で答えよ。

問題文の該当部分は以下のとおりです。

　TLSプロトコルにおける鍵交換の方式には，クライアント側でランダムなプリマスタシークレットを生成して，サーバのRSA ┃エ：秘密┃鍵で暗号化してサーバに送付することで共通鍵の共有を実現する，RSA鍵交換方式がある。また，Diffie-Hellmanアルゴリズムを利用する鍵交換方式で，DH公開鍵を静的に用いる方式もある。これらの方式は，⑥秘密鍵が漏えいしてしまったときに不正に復号されてしまう通信のデータの範囲が大きいという問題があり，TLS1.3以降では利用できなくなっている。

> 相変わらず，難しすぎます。何を言っているのかさっぱりわかりません。

　たしかに難しい問題でしたし，「通信のデータの範囲」というつかみ所のないことが問われました。

この設問の解答に関して，JPNICのページに詳しい解説があるので紹介します。

2）PFS対応

　エドワード・スノーデン氏の暴露により，米国国家安全保障局（NSA）が米国全国民の通信を盗聴していたという疑惑が語られており，SSL/TLS暗号通信であっても，暗号化されたままの通信データを巨大なデータベースに保管しておけば，将来，サーバの廃棄されたハードディスクから盗んだり，秘密鍵を解読したりすることにより，SSL/TLS暗号通信をすべて解読できる可能性があります。

　将来，サーバ証明書の秘密鍵が漏洩したとしても，通信内容を解読されることはないようにすることを，Perfect Forward Secrecy（PFS）と呼んでいます。具体的には，ECDHEやDHEを含む暗号スイートを使用することで，PFSに対応することができます。ECDHやDHなどの鍵交換アルゴリズムと比較して「E，ephemeral（つかの間の，短命な）」がついています。TLS 1.3では，ECDHEやDHEなどPFS対応の暗号スイートを使用します。

（出典：https://www.nic.ad.jp/ja/newsletter/No59/0800.html）

つまりこの問題は，PFS（完全前方秘匿性）を知っていれば解ける知識問題ともいえます。

PFSなんて初めて聞きます！

　それは言い訳に感じます。というのも，昨年のR3年度 午前Ⅱ問18（次ページに記載）で，「前方秘匿性（Forward Secrecy）」が出題されているからです。
※PFSとFSはどちらも同じと考えてください。

問18　前方秘匿性（Forward Secrecy）の性質として，適切なものはどれか。

正解選択肢：鍵交換に使った秘密鍵が漏えいしたとしても，過去の暗号文は解読されない。

　前方秘匿性を実装する例が，鍵の基データを使い捨てにすることです。すでに説明しましたが，DHは固定の公開鍵と秘密鍵を基に，セッション鍵（共通鍵）を作成します。DHEではこれを改良し，基となる鍵を毎回変更します。
　DHなどのPFS未対応の方式は，基となる秘密鍵などが漏えいした場合，全部の通信が復号できます。一方，PFSに対応して使い捨ての鍵を基にしていれば，その鍵を使った通信しか復号できません。PFS未対応だと何が恐ろしいかというと，JPNICの文献にも記載があったように，過去の通信データを含めてすべて復号されてしまうことです。下線⑥の「不正に復号されてしまう通信のデータ範囲が大きい」とは，過去の通信データのことです。
　書きづらかったと思いますが，設問文の指示どおり，「秘密鍵」「漏えい」を含めて解答としてまとめます。

> **解答**　秘密鍵が漏えいする前に行われた通信のデータ（21字）

　ところで，秘密鍵ってそんなに簡単に漏えいするものなのでしょうか？

　Windowsの場合，一度インポートしてしまうと秘密鍵を取り出すことは簡単ではありません。ですが，秘密鍵を別のところで作成して配布することも多く，その場合，秘密鍵がファイルとして存在しますからコピーも簡単です。Linuxの場合，秘密鍵は基本的にファイルなので，コピーが可能です。管理が雑だと漏洩します。

（5）本文中の下線⑦について，利用者がCAサービスにCSRを提出すると
きに署名に用いる鍵は何か。また，CAサービスがCSRの署名の検証
に用いる鍵は何か。本文中の用語を用いてそれぞれ答えよ。

　問題文には，「⑦CSRの署名を検証して，クライアント証明書を発行す
る」とあります。署名によって，何を検証するかというと，一つは「CSR
が本人のものかであること」，もう一つは，「CSRが改ざんされていないこと」
を検証することです。（※検証方法は設問3（2）でも述べましたので省略します）
　この問題は，一般的なデジタル署名の問題です。さて，何で署名し，何で
復号しますか？
　簡単ですよね。利用者が署名に用いる鍵は，**署名をする利用者の秘密鍵**で
す。これがわかれば，検証（つまり復号）に用いる鍵も簡単です。CSRを
受け取ったCAサービスは，CSRに付与された署名を<u>利用者の公開鍵で復号</u>
し，署名を検証します。

解答例　署名に用いる鍵　　　　：**利用者の秘密鍵**
　　　　　署名の検証に用いる鍵：**利用者の公開鍵**

> あれ？ 証明書の場合は，利用者ではなく，
> CAの秘密鍵で署名しますよね？

　そうです。その点，混同しないようにしましょう。次ページに，デジタル
署名と電子証明書の署名者の違いを図で示します。書類や領収書などのサイ
ンは自分がしますが，運転免許証は公の機関にて発行してもらいます。そん
なことをイメージしてもらえばいいでしょう。

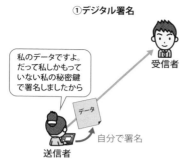

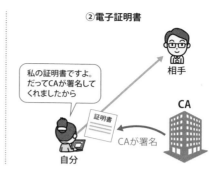

①デジタル署名

私のデータですよ。
だって私しかもって
いない私の秘密鍵
で署名しましたから

受信者

データ

自分で署名

送信者

②電子証明書

私の証明書ですよ。
だってCAが署名して
くれましたから

相手

CA

証明書

CAが署名

自分

■ デジタル署名と電子証明書の署名者の違い

（6）本文中の下線⑧について，証明書失効リストに含まれる，証明書を
一意に識別することができる情報は何か。その名称を答えよ。

問題文には，「証明書失効リストは，失効した日時と⑧クライアント証明
書を一意に示す情報のリストになっている」とあります。

証明書に関する知識問題です。クライアント証明書を一意に示す情報とは，
問題文中で解説した「シリアル番号」です。

問題文に「電子証明書には，②証明対象を識別する情報，有効期限，
エ：公開 鍵，**シリアル番号**，CAのデジタル署名といった情報が含まれる」
とあり，答えが書いてあるサービス問題でした。

解答	シリアル番号

設問4

〔テレワーク環境構成の検討〕について，（1），（2）に答えよ。
（1）本文中の下線⑨について，ユーザテーブルに含まれる情報を40字以内
で答えよ。

問題文の該当部分は以下のとおりです。

SSL-VPN装置の⑨ユーザテーブルは，SSL-VPN接続時の処理に必要な情報が含まれるテーブルであり，仮想PCの起動時に自動設定される。

　さて，これも難しい問題です。まずは，ユーザテーブルは何をするものか，イメージを膨らませるといいでしょう。上記にあるように，「仮想PCの起動時」に設定されるわけですから，ユーザ情報と仮想PCの情報を管理していると想定されます。
　このイメージをもったまま，答えを考えましょう。

ユーザテーブルと呼ぶからには，ユーザに関する情報が入っていそうです。

　そうですね。問題文には，「社員番号を**利用者ID**として」とありますから，「利用者ID」が答えの一つです。
　では，その他にユーザテーブルに入りそうな情報は何でしょうか。迷ったら，問題文に戻りましょう。ヒントは，問題文の「⑩ユーザテーブルを検索して得られるIPアドレスを用いて」の部分です。ここから，ユーザテーブルには，「IPアドレス」が含まれることがわかります。では，このIPアドレスは何のIPアドレスでしょうか。下線⑨のあとに「仮想PCの起動時に自動設定される」とありますから，仮想PCのIPアドレスです。
　解答の書き方ですが，40字と長めの文章を書く必要があるので，「利用者IDとIPアドレス」で終わらせてはいけません。少なくとも「仮想PCのIPアドレス」であることや，両者の対応（＝組）であることも加え，なるべく丁寧に書きましょう。

解答例 VDI利用者の利用者IDとその利用者の仮想PCのIPアドレスの組
（32字）

(2) 本文中の下線⑩について，検索のキーとなる情報はどこから得られる
どの情報か。25字以内で答えよ。また，SSL-VPN装置は，その情報
をどのタイミングで得るか。図3中の（I）～（X）の記号で答えよ。

下線⑩には，「(6) SSL-VPN装置は，⑩ユーザテーブルを検索して得られ
るIPアドレスを用いて，NATテーブルのエントリを作成する」とあります。

正解を含めてしまいますが，この部分の動きを復習しましょう。SSL-VPN
装置は，利用者IDをキーに，仮想PCのIPアドレスを検索します。その情報
を基に，NATテーブルのエントリを作成します。

SSL-VPN装置

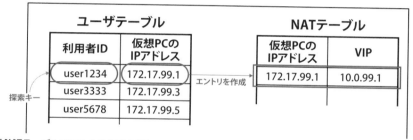

ユーザテーブル			NATテーブル	
利用者ID	仮想PCの IPアドレス		仮想PCの IPアドレス	VIP
user1234	172.17.99.1	エントリを作成	172.17.99.1	10.0.99.1
user3333	172.17.99.3			
user5678	172.17.99.5			

探索キー

■ NATテーブルのエントリ作成の流れ

設問4 (1) で，ユーザテーブルには，「利用者ID」と「仮想PCのIPアドレス」
の組み合わせがあることがわかっています。項目はこの二つしかありません
から，検索結果が「IPアドレス」ということは，検索のキーは「利用者ID」
だとわかります。

では，この利用者IDは，「どこ」から得られるのでしょうか。これもすで
に証明書を見せていますが，クライアント証明書のサブジェクトフィールド
中にある，CN（CommonName）に記載されています。

次は，この情報を得るタイミングについてです。利用者IDの情報は，ク
ライアント証明書に含まれています。図3を見ましょう。SSL-VPN装置が証
明書（Certificate）を受け取るのは，（Ⅷ）の「Certificate」です。

第3章
令和4年度
過去問解説
午後Ⅱ
問1
問題
問題解説
設問解説

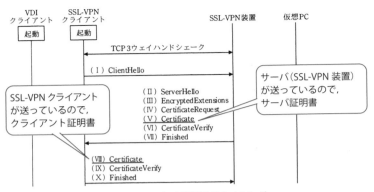

■ SSL-VPN装置が証明書（Certificate）を受け取るタイミング

解答例	情報：**クライアント証明書から得られる利用者ID情報** タイミング：Ⅷ

〔ネットワーク冗長化の検討〕について，（1）〜（5）に答えよ。

（1）本文中の下線⑪について，P主任がECMPの利用を前提にしたコスト設定を行う目的を，30字以内で答えよ。

問題文の該当部分は以下のとおりです。

全てのL3SWでOSPFを動作させ，冗長経路のOSPFのコストを適切に設定することによって，⑪OSPFのEqual Cost Multi-path機能（以下，ECMPという）が利用できると考え，図4に示すコスト設定を行うことにした。

「ECMP の利用を前提にしたコスト設定を行う目的」っていう言葉の意味がよくわかりません。

わかりにくいですね。あまり気にせず，ECMP，つまり「等コスト」にする目的を答えると考えましょう。今回は，広域イーサネットが2回線ありました。ECMPを使うことで，両方の広域イーサネットを利用できます。この点は，問題文にも，P主任が考えた内容として「通常は，M社とN社の広域イーサネットの両方を利用する」と示されていました。

まとめると，ECMP機能によって複数の経路に分散させ，M社とN社の広域イーサネットの両方を利用することが，コスト設定の目的です。

> **解答例** M社とN社の広域イーサネットの両方を利用すること（24字）

なんだかよくわからない問題でした。

設問5

（2）本文中の下線⑫について，経路数とそのコストをそれぞれ答えよ。

問題文には，「その場合，例えば⑫L3SW11のルーティングテーブル上には，サーバセグメントへの同一コストの複数の経路が確認できる」とあります。

L3SW11におけるOSPFでの経路数と，そのコストを答えます。

では，図4を単純化した図で考えます。図4で，PCからサーバセグメントまでのルーティングにかかわる主要な機器と回線を取り出したのが下図です。広域イーサネットのセグメントは，192.168.1.0/24と192.168.2.0/24にしています。

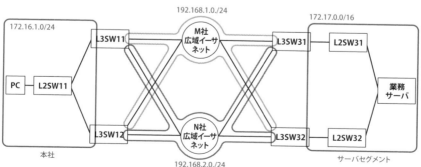

■PCからサーバセグメントまでの主要な機器と回線

まず，経路の数を確認します。L3SW11からサーバセグメントへの経路は，全部で四つです。

L3SW11からM社広域イーサネット経由で，L3SW31とL3SW32に届く経路が二つです（❶と❷）。L3SW11からN社広域イーサネット経由で，L3SW31とL3SW32に届く経路が二つです（❸と❹）

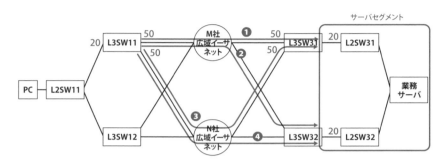

■**L3SW11からサーバセグメントへの経路**

次は各経路のコストです。コストは出口インタフェースのコスト値の合計です。たとえば❶の経路では，L3SW11の出口で50，L3SW31の出口で20を加算するので，合計70です。その他の経路も同様に70です。

Cisco社のcatalystで，実際にL3SW11の経路情報を確認したのが下図です。サーバセグメントへの経路が四つあり，コストがすべて70であることが確認できます。

```
L3SW11# sh ip route ospf
Codes: L - local, C - connected, S - static, R - RIP, M - mobile, B - BGP
       D - EIGRP, EX - EIGRP external, O - OSPF, IA - OSPF inter area
       N1 - OSPF NSSA external type 1, N2 - OSPF NSSA external type 2
       E1 - OSPF external type 1, E2 - OSPF external type 2
       i - IS-IS, su - IS-IS summary, L1 - IS-IS level-1, L2 - IS-IS level-2
       ia - IS-IS inter area, * - candidate default, U - per-user static route
       o - ODR, P - periodic downloaded static route, H - NHRP, I - LISP
       a - application route
       + - replicated route, % - next hop override

Gateway of last resort is not set          経路のコスト

O      172.17.0.0/16 [110/70] via 192.168.2.32, 00:07:28, Vlan20 ← L3SW32（N社側）
                     [110/70] via 192.168.2.31, 00:07:28, Vlan20 ← L3SW31（N社側）
   サーバセグメント  [110/70] via 192.168.1.32, 00:07:28, Vlan10 ← L3SW32（M社側）
   のサブネット      [110/70] via 192.168.1.31, 00:07:28, Vlan10 ← L3SW31（M社側）
L3SW11#
```

■**L3SW11の経路情報（catalystで確認）**

採点講評には，「(2) のうち，コストの正答率が低かった」とあります。コストの計算は，H28年度 午後Ⅱ問2など，過去にも出題されたことがあります。これを機に覚えておきましょう。

設問5

(3) 本文中の下線⑬について，フローモードの方が通信品質への影響が少ないと判断した理由を35字以内で述べよ。

問題文には，「P主任は，K社の社内のPCと業務サーバ間の通信における⑬通信品質への影響を考慮して，フローモードを選択することにした」とあります。

「通信品質への影響」とは，具体的にどんな事象かいくつか挙げてみて下さい。

パケットロス，遅延などでしょうか？

はい，そうです。パケットモードで問題になるのは，このうち遅延です。問題文中で解説したとおり（p.226），パケットモードではパケットの到着順序が逆転しやすいというデメリットがあります。

フローモードであれば，すべてのパケットが同じ経路を通ります。ですので，パケットの到着順序が逆転しにくいといえます。これが，通信品質への影響が少ないと判断した理由です。

解答例は以下のとおりですが，フローモードやパケットモードに関する事前知識がないと，この解答を書くのは難しかったと思います。

解答例 フローモードはパケット到着順序の逆転が起こりにくいから（27字）

到着順序が逆転すると何が起きるのですか？

　到着順序の逆転が発生すると，PCや業務サーバではパケットを溜めるバッファ（メモリ）の使用量が増えます。後から送出されたパケットが先に届いた場合，先に送出されたパケットが届くまで次の処理ができないからです。さらに，先に送出されたパケットの到着があまりにも遅い場合には，データが欠落するなど，正常に通信ができないおそれがあります。

設問5

　（4）本文中の下線⑭について，利用率がほぼ均等になると判断した理由をL3SWのECMPの経路選択の仕様に照らして，45字以内で述べよ。

　問題文には，「フローモードの場合は，送信元IPアドレスと宛先IPアドレスからハッシュ値を計算して経路選択を行う」「フローモードでも⑭複数回線の利用率がほぼ均等になると判断した」とあります。

　フローモードでは，送信元IPアドレスと宛先IPアドレスからハッシュ値を計算して経路選択を行います。設問5（2）で解説したように（p.252）今回は四つの経路があります。たとえばハッシュ値（16進表記）の下1桁が0〜3であれば経路❶，4〜8であれば経路❷，9〜Bであれば経路❸，C〜Fであれば経路❹を選択します。

　この仕組みは，送信元IPアドレスと宛先IPアドレスの組が増えれば増えるほど，偏りが少なくなります。過去の試験（令和元年度 午後Ⅰ問1）では，送信元と宛先MACアドレスの組み合わせが少ない（＝一つ）ことにより，負荷分散がうまくいかないという問題がありました。今回はその逆です。

　問題文ではPCや業務サーバの台数は明示されていませんが，〔テレワーク環境導入方針〕の最後に，「テレワークの利用者は最大200人」とあることから，PCは少なくとも数十台はあることでしょう。PC（送信元）が数十台あればハッシュ値は偏らず，四つの経路に分散でき，複数回線の利用率はほぼ均等になると判断できます。

答案の書き方ですが，45字と長い文章です。こういう場合は，問題文の字句をなるべくそのまま使うようにしましょう。「フローモードの場合は，送信元IPアドレスと宛先IPアドレスからハッシュ値を計算して経路選択を行う」の部分を抜き出しながらまとめると，解答例のようになります。

> **解答例** 送信IPアドレスと宛先IPアドレスから計算したハッシュ値が偏らないから（35字）

設問5

（5）本文中の下線⑮について，この設定によるVRRPの動作を"優先度"という用語を用いて40字以内で述べよ。

　問題文には，「L3SW31がVRRPマスタとなるように優先度を設定する」「⑮図5中のa又はbでの障害をトラッキングするようにVRRPの設定を行う」とあります。

　この問題はVRRPのトラッキング設定に関する知識問題で，難問でした。

　参考欄で解説しましたが（p.231），VRRPトラッキングは，トラッキング対象のインタフェースで障害を検知したら，VRRPの優先度を下げます。マスタルータの優先度を下げることで，バックアップルータの優先度が相対的に大きくなり，マスタルータの切替えが発生します。

　今回，マスタルータはL3SW31であり，インタフェースaやbの障害時にはVRRPの優先度を下げます。このあたりを具体的に記載すると，解答例のようになります。

> **解答例** インタフェースの障害を検知した時にL3SW31のVRRPの優先度を下げる。（35字）

設問			IPA の解答例・解答の要点	予想配点
設問 1		ア	改ざん検知	3
		イ	L2 フォワーディング	3
		ウ	ポート	3
		エ	公開	3
		オ	ポートフォワーディング	3
		カ	DHE	3
設問 2	(1)	①	・暗号化	3
		②	・メッセージ認証	3
	(2)		Subject	4
設問 3	(1)		クライアント証明書の公開鍵に対する秘密鍵は本人しか保有していないから	6
	(2)		CA のルート証明書	4
	(3)		なりすまされた SSL-VPN 装置へ接続してしまうリスク	5
	(4)		秘密鍵が漏えいする前に行われた通信のデータ	5
	(5)	署名に用いる鍵	利用者の秘密鍵	3
		署名の検証に用いる鍵	利用者の公開鍵	3
	(6)		シリアル番号	3
設問 4	(1)		VDI 利用者の利用者 ID とその利用者の仮想 PC の IP アドレスの組	6
	(2)	情報	クライアント証明書から得られる利用者 ID 情報	4
		タイミング	Ⅷ	3
設問 5	(1)		M 社と N 社の広域イーサネットの両方を利用すること	5
	(2)	経路数	4	3
		コスト	70	3
	(3)		フローモードはパケット到着順序の逆転が起こりにくいから	6
	(4)		送信元 IP アドレスと宛先 IP アドレスから計算したハッシュ値が偏らないから	7
	(5)		インタフェースの障害を検知した時に L3SW31 の VRRP の優先度を下げる。	6
			合計	100

※予想配点は著者による

s.h さんの解答	正誤	予想採点	タカさんの解答	正誤	予想採点
メッセージ認証	×	0	改ざん検知	○	3
L2 フォワーディング	○	3	トンネリング	×	0
ポート番号	○	3	ポート	○	3
公開	○	3	公開	○	3
ポートフォワーディング	○	3	ポートフォワーディング	○	3
DHE	○	3	事前共有鍵	×	0
・認証	○	3	・認証	○	3
・鍵交換	×	0	・暗号化	○	3
コモンネーム	×	0	コモンネーム	×	0
送信者の秘密鍵で暗号化したデータ以外、クライアント認証の公開鍵で復号不可だから	△	5	クライアント証明書に格納されている秘密鍵は本人しか保持していないから	△	4
CA のルート証明書	○	4	CA のルート証明書	○	4
SSL-VPN 装置と個人 PC 間に悪意ある不正な機器が介入するリスク	△	3	SSL-VPN 装置のなりすましリスク	○	5
漏えいした秘密鍵で暗号化した通信のデータ	△	2	秘密鍵そのものが漏洩してしまうリスク	×	0
利用者の秘密鍵	○	3	利用者の秘密鍵	○	3
利用者の公開鍵	○	3	利用者の公開鍵	○	3
シリアル番号	○	3	シリアルナンバー	×	0
クライアント証明書に含まれる利用者 ID と仮想 PC を対応付けした情報	○	6	利用者 ID と仮想 PC の紐づけ情報	△	5
クライアント証明書から得られる利用者 ID	○	4	クライアント証明書から得られる利用者 ID	○	4
Ⅷ	○	3	Ⅷ	○	3
通常時は、M 社と N 社の広域イーサネットの両方を利用するため	○	5	障害発生時にも通常時と同様の通信速度を確保するため	×	0
4	○	3	4 つ	○	3
120	×	0	70	○	3
フローモードの方が経路が一定で、通信速度のばらつきが少ないから	△	4	経路が一定で、パケットのフラグメンテーションが起きないため	×	0
PC の IP アドレスが異なるので、ハッシュ値が変わるため、異なる経路が選択されるから	○	7	送信元 IP アドレスと宛先 IP アドレスから算出されるハッシュ値が偏らないから	○	7
a 又は b でリンク障害発生した場合、L3SW1 の優先度を 0 にする	○	6	インタフェースで障害が発生した場合には L3SW1 の優先度を下げる	○	6
（※実際は84点）予想点合計		79	予想点合計		68

近年，企業におけるテレワーク導入が進みつつある。テレワークを実現するためには，社員が自宅にいながら会社の業務を安全に行えるネットワーク環境が求められる。そのために必要となる，重要なネットワーク技術の一つとして，VPN技術を挙げることができる。また，テレワークにおける情報漏えいリスクを避けるための方策として，仮想デスクトップ基盤（VDI）環境が利用されることも一般的である。

本問では，企業におけるテレワーク実現のためのSSL-VPN環境の構築，VDI環境に関する技術的な考察，及び冗長ネットワーク構築を題材に，テレワーク時代に必要となるネットワーク構築スキルを問う。

問1では，企業におけるテレワークのためのSSL-VPN環境の構築，仮想デスクトップ基盤（VDI）環境に関する技術的な考察，及び冗長ネットワーク構築を題材に，テレワーク時代に必要となるネットワークを構築するための技術について出題した。全体として正答率は平均的であった。

設問3は，TLSプロトコルのベースとなっているPKI技術の基本や，クライアント証明書による認証の基本を問う問題であるが，（1），（4）の正答率が低かった。基本的な事柄を理解していないと思われる解答が散見されたが，これらの技術は安全なネットワークの構築のために重要なので，正確に理解してほしい。

設問5は，OSPFの等コスト経路の経路選択やVRRPと合わせた冗長経路に関する問題であるが，（2）のうち，コストの正答率が低かった。OSPFによる経路制御やVRRPと組み合わせた経路冗長化はよく利用されるので，理解を深めてほしい。

■出典
「令和4年度 春期 ネットワークスペシャリスト試験 解答例」
https://www.jitec.ipa.go.jp/1_04hanni_sukiru/mondai_kaitou_2022r04_1/2022r04h_nw_pm2_ans.pdf
「令和4年度 春期 ネットワークスペシャリスト試験 採点講評」
https://www.jitec.ipa.go.jp/1_04hanni_sukiru/mondai_kaitou_2022r04_1/2022r04h_nw_pm2_cmnt.pdf

ネットワーク SE Column 4　気持ちの切替え

　西島秀俊さん主演のドラマ「真犯人フラグ（日本テレビ）」に, はまってしまった。毎週, 次の放送が待ち遠しかった。そんなドラマが一つあるだけで, 毎日が楽しくなる。人生というのは小さな幸せをエンジョイしていくものだろう。

　さて, ドラマの内容は本編を見て楽しんでいただくとして, ヒロインである芳根京子ちゃんの仕事はコールセンター業務。クレームを受け付ける仕事で, ひたすら謝り続けたり, 無茶な要求をかわしたりと, 本当に大変な仕事だ。

　こちらに落ち度があれば, 誠心誠意対応することができる。しかし, 落ち度もなく, 単なる心のないご意見（クレーム？）や暇つぶしに付き合わされたら, 私なら電話を切りたくなる。

　友人の漫画家, きたがわかよこさんはコールセンター業務の経験があり, 理不尽かつ商品に関係のないクレームをいくつも受けたとのこと。「期間が過ぎたキャンペーンを適応しろ」「24時間電話受付をしろ。企業努力が足りないんだ」「会社名が他社と似ていてややこしい」「お前の声が気に入らない」などとネチネチ。

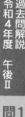

　でも, 「凹むけど帰る頃には平気になっている」と言う。理不尽なクレームに関しては, 通り雨のようなものだと感じているからだそうだ。

「仕事だから, なんてことはない」

　お客様とのトラブルで, 裁判まで経験された上司の言葉である。会社からお給料をいただいて業務をしているだけであって, 仕事に「良い仕事も悪い仕事もない」とも言われていた。私は, 仕事にやりがいやロマンを求めてしまうし, 気持ちの切替えが下手だ。嫌なこともたくさんあるのが仕事。嫌なことや理不尽なことは, 心を無にして, 気持ちをうまく切り替えていくことも大事なんだろう。

三方よし

　近江商人が生んだといわれる「三方よし」の精神がある。

　「売り手よし」「買い手よし」「世間よし」の三つだ。

　「三方よし」になるための根底には，「品質の良いものを売る」ことがある。お客様（買い手）が本当に喜ぶ良い商品やサービスを提供する。これにより，売り手も心の満足や金銭的な利益を得られる。それが社会の幸福や発展にもつながる。

　私が思うに，「三方よし」がなぜいいかというと，勝負のように誰かが勝者，誰かが敗者になるのではない。みんなが幸せになるからである。

　実は，ネットワークスペシャリストのような高度な難関資格を取得するのも，「三方よし」だと考えている。

　「資格取得者よし」「（資格取得者の）会社よし」「顧客よし」の三つである。

　資格に合格した本人は，実力や肩書き，心の満足などを得る。会社も難関資格の有資格者がいることはうれしい。顧客にとっても，実力がある有資格者に仕事をしてもらえるのは利点である。つまり，みんなが喜ぶ。もしかすると，これに「世間よし」を加えて「四方よし」としてもいいのかもしれない。

令和4年度

午後II 問2

問　　題

問題解説

設問解説

令和4年度　午後Ⅱ　問2

問題 → 問題解説 → 設問解説

問題

問2　仮想化技術の導入に関する次の記述を読んで，設問1〜5に答えよ。

　　U社は社員3,000人の総合商社である。U社では多くの商材を取り扱っており，商材ごとに様々なアプリケーションシステム（以下，APという）を構築している。APは個別の物理サーバ（以下，APサーバという）上で動作している。U社の事業拡大に伴ってAPの数が増えており，主管部署であるシステム開発部はサーバの台数を減らすなど運用改善をしたいと考えていた。そこで，システム開発部では，仮想化技術を用いてサーバの台数を減らすことにし，Rさんを担当者として任命した。

　　現在のU社ネットワーク構成を図1に示す。

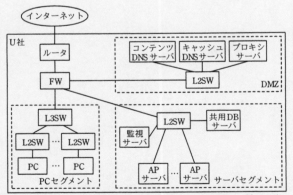

FW：ファイアウォール　L2SW：レイヤ2スイッチ　L3SW：レイヤ3スイッチ
DB：データベース
注記　ルータ，FW，L2SW，L3SW，コンテンツDNSサーバ，キャッシュDNSサーバ，プロキシサーバ，共用DBサーバ，監視サーバは冗長構成であるが，図では省略している。

図1　現在のU社ネットワーク構成（抜粋）

現在のU社ネットワーク構成の概要を次に示す。

- DMZ, サーバセグメント, PCセグメントにはプライベートIPアドレスを付与している。
- キャッシュDNSサーバは, 社員が利用するPCやサーバからの問合せを受け, ほかのDNSサーバへ問い合わせた結果, 得られた情報を応答する。
- コンテンツDNSサーバは, PCやサーバのホスト名などを管理し, PCやサーバなどに関する情報を応答する。
- プロキシサーバは, PCからインターネット向けのHTTP通信及びHTTPS (HTTP over TLS) 通信をそれぞれ中継する。
- APは, 共用DBサーバにデータを保管している。共用DBサーバは, 事業拡大に必要な容量と性能を確保している。
- APごとに2台のAPサーバで冗長構成としている。
- APサーバ上で動作する多くのAPは, HTTP通信を利用してPCからアクセスされるAP (以下, WebAPという) であるが, TCP/IPを使った独自のプロトコルを利用してPCからアクセスされるAP (以下, 専用APという) もある。
- 監視サーバは, DMZやサーバセグメントにあるサーバの監視を行っている。

〔サーバ仮想化技術を利用したAPの構成〕

Rさんは, WebAPと専用APの2種類のAPについて, サーバ仮想化技術の利用を検討した。サーバ仮想化技術では, 物理サーバ上で複数の仮想的なサーバを動作させることができる。

Rさんが考えたサーバ仮想化技術を利用したAPの構成を図2に示す。

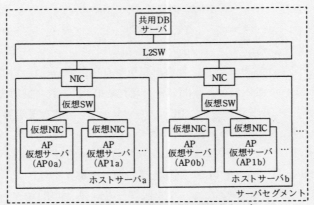

共用DB
サーバ

L2SW

NIC

仮想SW

仮想NIC 仮想NIC
AP
仮想サーバ
（AP0a）
AP
仮想サーバ
（AP1a）
…
ホストサーバa

NIC

仮想SW

仮想NIC 仮想NIC
AP
仮想サーバ
（AP0b）
AP
仮想サーバ
（AP1b）
…
ホストサーバb

サーバセグメント

AP仮想サーバ：APが動作する，仮想化技術を利用したサーバ
ホストサーバ：複数のAP仮想サーバを収容する物理サーバ
仮想SW：仮想L2SW　　　NIC：ネットワークインタフェースカード
注記　（ ）内はAP仮想サーバ名を示し，AP名とそのAP仮想サーバが動作
　　　するホストサーバの識別子で構成する。一例として，AP0a は，AP 名が
　　　AP0 の AP が動作する，ホストサーバa 上の AP 仮想サーバ名である。

図2　サーバ仮想化技術を利用した AP の構成

　ホストサーバでは，サーバ仮想化を実現するためのソフトウェアである
　　ア　　が動作する。ホストサーバは仮想SWをもち，NICを経由し
てL2SW と接続する。

　AP仮想サーバは，ホストサーバ上で動作する仮想サーバとして構成す
る。AP仮想サーバの仮想NICは仮想SWと接続する。

　一つのAPは2台のAP仮想サーバで構成する。2台のAP仮想サーバでは，
冗長構成をとるためにVRRPバージョン3を動作させる。サーバセグメン
トでは複数のAPが動作するので，VRRPの識別子としてAPごとに異なる
　　イ　　を割り当てる。①可用性を確保するために，VRRPを構成す
る2台のAP仮想サーバは，異なるホストサーバに収容するように設計する。

　VRRPの規格では，最大　　ウ　　組の仮想ルータを構成することが
できる。また，②マスタとして動作しているAP仮想サーバが停止すると，
バックアップとして動作しているAP仮想サーバがマスタに切り替わる。

　一例として，AP仮想サーバ（AP0a）とAP仮想サーバ（AP0b）とで構
成される，AP名がAP0のIPアドレス割当表を表1に示す。

表1　AP0のIPアドレス割当表

割当対象	IPアドレス
AP0aとAP0bのVRRP仮想ルータ	192.168.0.16/22
AP0aの仮想NIC	192.168.0.17/22
AP0bの仮想NIC	192.168.0.18/22

　APごとに，AP仮想サーバの仮想NICで利用する二つのIPアドレスとVRRP仮想ルータで利用する仮想IPアドレスの計三つのIPアドレスの割当てと，一つのFQDNの割当てを行う。APごとに，コンテンツDNSサーバにリソースレコードの一つである　エ　　レコードとしてVRRPで利用する仮想IPアドレスを登録し，FQDNとIPアドレスの紐付けを定義する。PCにインストールされているWebブラウザ及び専用クライアントソフトウェアは，DNSの　エ　　レコードを参照して接続するAPのIPアドレスを決定する。

〔コンテナ仮想化技術を利用したWebAPの構成〕
　次に，Rさんはコンテナ仮想化技術の利用を検討した。WebAPと専用APに分け，まずはWebAPについて利用を検討した。コンテナ仮想化技術では，あるOS上で仮想的に分離された複数のアプリケーションプログラム実行環境を用意し，複数のAPを動作させることができる。
　Rさんが考えた，コンテナ仮想化技術を利用したWebAP（以下，WebAPコンテナという）の構成を図3に示す。

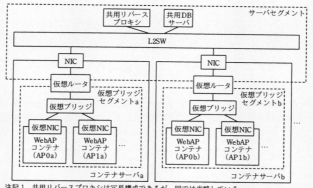

注記1　共用リバースプロキシは冗長構成であるが，図では省略している。
注記2　（　）内はWebAPコンテナ名を示し，AP名とそのWebAPコンテナが動作するコンテナサーバの識別子で構成する。一例として，AP0aは，AP名がAP0のAPが動作する，コンテナサーバa上のWebAPコンテナ名である。

図3　WebAPコンテナの構成

コンテナサーバでは，コンテナ仮想化技術を実現するためのソフトウェアが動作する。コンテナサーバは仮想ブリッジ，仮想ルータをもち，NICを経由してL2SWと接続する。WebAPコンテナの仮想NICは仮想ブリッジと接続する。

WebAPコンテナは，仮想ルータの上で動作するNAPT機能とTCPやUDPのポートフォワード機能を利用して，PCや共用DBサーバなどといった外部のホストと通信する。コンテナサーバ内の仮想ブリッジセグメントには，新たにIPアドレスを付与する必要があるので，プライベートIPアドレスの未使用空間から割り当てる。また，③複数ある全ての仮想ブリッジセグメントには，同じIPアドレスを割り当てる。

WebAPコンテナには，APごとに一つのFQDNを割り当て，コンテンツDNSサーバに登録する。

WebAPコンテナでは，APの可用性を確保するために，共用リバースプロキシを新たに構築して利用する。共用リバースプロキシは負荷分散機能をもつHTTPリバースプロキシとして動作し，クライアントからのHTTPリクエストを受け，④ヘッダフィールド情報からWebAPを識別し，WebAPが動作するWebAPコンテナへHTTPリクエストを振り分ける。振り分け先であるWebAPコンテナは複数指定することができる。振り分け先を増やすことによって，WebAPの処理能力を向上させることができ，また，個々のWebAPコンテナの処理量を減らして負荷を軽減できる。

共用リバースプロキシ，コンテナサーバには，サーバセグメントの未使用のプライベートIPアドレスを割り当てる。共用リバースプロキシ，コンテナサーバのIPアドレス割当表を表2に，コンテナサーバaで動作する仮想ブリッジセグメントaのIPアドレス割当表を表3に示す。

表2　共用リバースプロキシ，コンテナサーバの IP アドレス割当表（抜粋）

割当対象	IP アドレス
共用リバースプロキシ	192.168.0.98/22
コンテナサーバ a	192.168.0.112/22
コンテナサーバ b	192.168.0.113/22

表3　仮想ブリッジセグメント a の IP アドレス割当表（抜粋）

割当対象	IPアドレス
仮想ルータ	172.16.0.1/24
WebAP コンテナ（AP0a）	172.16.0.16/24
WebAP コンテナ（AP1a）	172.16.0.17/24

　共用リバースプロキシは，振り分け先であるWebAPコンテナが正常に
稼働しているかどうかを確認するためにヘルスチェックを行う。ヘルス
チェックの結果，正常なWebAPコンテナは振り分け先として利用され，
異常があるWebAPコンテナは振り分け先から外される。振り分けルール
の例を表4に示す。

表4　振り分けルールの例（抜粋）

AP名	（設問のため省略）	WebAP コンテナ名	振り分け先
AP0	ap0.u-sha.com	AP0a	192.168.0.112:8000
		AP0b	192.168.0.113:8000
AP1	ap1.u-sha.com	AP1a	192.168.0.112:8001
		AP1b	192.168.0.113:8001

　PCが，表4中のAP0と行う通信の例を次に示す。

(1) PCのWebブラウザは，http://ap0.u-sha.com/へのアクセスを開始する。

(2) PCはDNSを参照して，ap0.u-sha.comの接続先IPアドレスとして
　　　 オ 　　 を取得する。

(3) PCは宛先IPアドレスが　　 オ 　　，宛先ポート番号が80番宛てへ通
信を開始する。

(4) PCからのリクエストを受けた共用リバースプロキシは振り分けルー
ルに従って振り分け先を決定する。

(5) 共用リバースプロキシは宛先IPアドレスが192.168.0.112，宛先ポー
ト番号が　　 カ 　　番宛てへ通信を開始する。

(6) 仮想ルータは宛先IPアドレスが192.168.0.112，宛先ポート番号が
　　　 カ 　　番宛てへの通信について，⑤ポートフォワードの処理によっ
て宛先IPアドレスと宛先ポート番号を変換する。

(7) WebAPコンテナAP0aはコンテンツ要求を受け付け，対応するコンテ
ンツを応答する。

(8) 共用リバースプロキシはコンテンツ応答を受け，PCに対応するコン

テンツを応答する。

(9) PCはコンテンツ応答を受ける。

　WebAPコンテナであるAP0aとAP1aに対するPCからのHTTP接続要求パケットの例を図4に示す。

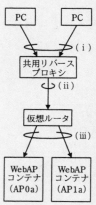

(ⅰ) の箇所で通信が確認できるHTTP接続要求パケット

送信元IPアドレス	送信元ポート番号	宛先IPアドレス	宛先ポート番号
192.168.145.68	30472	192.168.0.98	80
192.168.145.154	31293	192.168.0.98	80

(ⅱ) の箇所で通信が確認できるHTTP接続要求パケット

送信元IPアドレス	送信元ポート番号	宛先IPアドレス	宛先ポート番号
192.168.0.98	54382	192.168.0.112	8000
192.168.0.98	34953	192.168.0.112	8001

(ⅲ) の箇所で通信が確認できるHTTP接続要求パケット

送信元IPアドレス	送信元ポート番号	宛先IPアドレス	宛先ポート番号
192.168.0.98	54382	172.16.0.16	80
192.168.0.98	34953	172.16.0.17	80

注記　──▶ は，通信の方向を示す。

図4　AP0a と AP1a に対する PC からの HTTP 接続要求パケットの例

〔コンテナ仮想化技術を利用した専用APの構成〕

　Rさんは，専用APはTCP/IPを使った独自のプロトコルを利用するので，HTTP通信を利用するWebAPと比較して，通信の仕方に不明な点が多いと感じた。そこで，コンテナ仮想化技術を導入した際の懸念点について上司のO課長に相談した。次は，コンテナ仮想化技術を利用した専用AP（以下，専用APコンテナという）に関する，RさんとO課長の会話である。

Rさん：専用APですが，APサーバ上で動作する専用APと同じように，専用APコンテナとして動作させることができたとしても，⑥PCや共用DBサーバなどといった外部のホストとの通信の際に，仮想ルータのネットワーク機能を使用しても専用APが正常に動作することを確認する必要があると考えています。

O課長：そうですね。専用APはAPごとに通信の仕方が違う可能性があり

ます。APサーバと専用APコンテナの構成の違いによる影響を受けないことを確認する必要がありますね。それと，⑦同じポート番号を使用する専用APが幾つかあるので，これらの専用APに対応できる負荷分散機能をもつ製品が必要になります。

Rさん：分かりました。

　Rさんは専用APで利用可能な負荷分散機能をもつ製品の調査をし，WebAPと併せて検討結果を取りまとめ，O課長に報告した。

　Rさんが，サーバの台数を減らすなど運用改善のために検討したまとめを次に示す。

- 第一に，リソースの無駄が少ないことやアプリケーションプログラムの起動に要する時間を短くできる特長を生かすために，コンテナ仮想化技術の利用を進め，順次移行する。
- 第二に，コンテナ仮想化技術の利用が適さないAPについては，サーバ仮想化技術の利用を進め，順次移行する。
- 第三に，移行が完了したらAPサーバは廃止する。

〔監視の検討〕

　次に，Rさんが考えた，監視サーバによる図3中の機器の監視方法を表5に示す。

表5　図3中の機器の監視方法（抜粋）

項番	監視種別	監視対象	設定値
1	ping 監視	共用リバースプロキシ	192.168.0.98
2		コンテナサーバ a	192.168.0.112
3		コンテナサーバ b	192.168.0.113
4	TCP 接続監視	WebAP コンテナ（AP0a）	192.168.0.112:8000
5		WebAP コンテナ（AP0b）	192.168.0.113:8000
6	URL 接続監視	共用リバースプロキシ	http://ap0.u-sha.com:80/index.html
7		WebAP コンテナ（AP0a）	http://192.168.0.112:8000/index.html
8		WebAP コンテナ（AP0b）	http://192.168.0.113:8000/index.html

　監視サーバは3種類の監視を行うことができる。ping監視は，監視サーバが監視対象の機器に対してICMPのエコー要求を送信し，一定時間以内

に　　　キ　　　を受信するかどうかで，IPパケットの到達性があるかどう
かを確認する。TCP接続監視では，監視サーバが監視対象の機器に対し
てSYNパケットを送信し，一定時間以内に　　　ク　　　パケットを受信
するかどうかで，TCPで通信ができるかどうかを確認する。URL接続監
視では，監視サーバが監視対象の機器に対してHTTP　　ケ　　メソッ
ドでリソースを要求し，一定時間以内にリソースを取得できるかどうか
でHTTPサーバが正常稼働しているかどうかを確認する。ping監視で
WebAPコンテナの稼働状態を監視することはできない。⑧表5のように
複数の監視を組み合わせることによって，監視サーバによる障害検知時に，
監視対象の状態を推測することができる。

〔移行手順の検討〕
　Rさんは，コンテナ仮想化技術を利用したWebAPの移行手順を検討した。
　2台のAPサーバで構成するAP0を，WebAPコンテナ（AP0a）と
WebAPコンテナ（AP0b）へ移行することを例として，WebAPの移行途
中の構成を図5に，WebAPの移行手順を表6に示す。

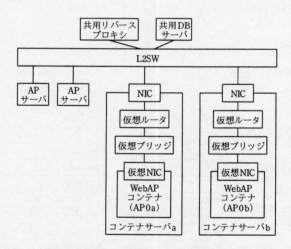

図5　WebAP の移行途中の構成（抜粋）

表6　WebAP の移行手順

項番	概要	内容
1	WebAP コンテナの構築	コンテナサーバ上に WebAP コンテナを構築する。
2	共用リバースプロキシの設定	WebAP コンテナに合わせて振り分けルールの設定を行う。
3	WebAP コンテナ監視登録	監視サーバに WebAP コンテナの監視を登録する。
4	動作確認	⑨テスト用の PC を用いて動作確認を行う。
5	DNS 切替え	DNS レコードを書き換え，AP サーバから WebAP コンテナへ切り替える。
6	AP サーバ監視削除	監視サーバから AP サーバの監視を削除する。
7	AP サーバの停止	⑩停止して問題ないことを確認した後に AP サーバを停止する。

　Rさんは表6のWebAPの移行手順をO課長に報告した。次は，WebAPの移行手順に関する，O課長とRさんの会話である。

O課長：今回の移行はAPサーバとWebAPコンテナを並行稼働させてDNSレコードの書換えによって切り替えるのだね。

Rさん：そうです。同じ動作をするので，DNSレコードの書換えが反映されるまでの並行稼働期間中，APサーバとWebAPコンテナ，どちらにアクセスが行われても問題ありません。

O課長：分かりました。並行稼働期間を短くするためにDNS切替えの事前準備は何があるかな。

Rさん：はい。⑪あらかじめ，DNSのTTLを短くしておく方が良いですね。

O課長：そうですね。移行手順に記載をお願いします。

Rさん：分かりました。

O課長：動作確認はどのようなことを行うか詳しく教えてください。

Rさん：はい。WebAPコンテナ2台で構成する場合は，⑫次の3パターンそれぞれでAPの動作確認を行います。一つ目は，全てのWebAPコンテナが正常に動作している場合，二つ目は，2台のうち1台目だけWebAPコンテナが停止している場合，最後は，2台目だけWebAPコンテナが停止している場合です。また，障害検知の結果から，正しく監視登録されたことの確認も行います。

O課長：分かりました。良さそうですね。

　APを，仮想化技術を利用したコンテナサーバやホストサーバに移行す

第3章
過去問解説
令和4年度
午後Ⅱ
問2
問題
問題解説
設問解説

ることによって期待どおりにサーバの台数を減らせる目途が立ち，システム開発部では仮想化技術の導入プロジェクトを開始した。

設問1 〔サーバ仮想化技術を利用したAPの構成〕について，（1）～（3）に答えよ。

(1) 本文中の　ア　～　エ　に入れる適切な字句又は数値を答えよ。

(2) 本文中の下線①について，2台のAP仮想サーバを同じホストサーバに収容した場合に起きる問題を可用性確保の観点から40字以内で述べよ。

(3) 本文中の下線②について，マスタが停止したとバックアップが判定する条件を50字以内で述べよ。

設問2 〔コンテナ仮想化技術を利用したWebAPの構成〕について，（1）～（4）に答えよ。

(1) 本文中の下線③について，複数ある全ての仮想ブリッジセグメントで同じIPアドレスを利用して問題ない理由を40字以内で述べよ。

(2) 本文中の下線④について，共用リバースプロキシはどのヘッダフィールド情報からWebAPを識別するか。15字以内で答えよ。

(3) 本文中の　オ　に入れる適切なIPアドレス，及び　カ　に入れる適切なポート番号を答えよ。

(4) 本文中の下線⑤について，変換後の宛先IPアドレスと宛先ポート番号を答えよ。

設問3 〔コンテナ仮想化技術を利用した専用APの構成〕について，(1), (2)に答えよ。

(1) 本文中の下線⑥について，専用APごとに確認が必要な仮想ルータのネットワーク機能を二つ答えよ。

(2) 本文中の下線⑦について，どのような仕組みが必要か。40字以内で答えよ。

設問4 〔監視の検討〕について，(1) 〜 (3) に答えよ。

(1) 本文中の ［ キ ］ 〜 ［ ケ ］ に入れる適切な字句を答えよ。

(2) 本文中の下線⑧について，表5中の項番2，項番4，項番7で障害
検知し，それ以外は正常の場合，どこに障害が発生していると考
えられるか。表5中の字句を用いて障害箇所を答えよ。

(3) 本文中の下線⑧について，表5中の項番4，項番7で障害検知し，
それ以外は正常の場合，どこに障害が発生していると考えられる
か。表5中の字句を用いて障害箇所を答えよ。

設問5 〔移行手順の検討〕について，(1) 〜 (4) に答えよ。

(1) 表6中の下線⑨について，WebAPコンテナで動作するAPの動
作確認を行うために必要になる，テスト用のPCの設定内容を，
DNS切替えに着目して40字以内で述べよ。

(2) 表6中の下線⑩について，APサーバ停止前に確認する内容を40
字以内で述べよ。

(3) 本文中の下線⑪について，TTLを短くすることによって何がど
のように変化するか。40字以内で述べよ。

(4) 本文中の下線⑫について，3パターンそれぞれでAPの動作確認
を行う目的を二つ挙げ，それぞれ35字以内で述べよ。

第3章
過去問解説
令和4年度
午後Ⅱ
問2
問題
問題解説
設問解説

　　　仮想化を中心に，監視や移行など多くのテーマが盛り込まれた出題
です。サーバ仮想化は平成26年度午後Ⅱ，平成29年度午後Ⅰでも出題されましたが，
今回はコンテナ技術が初めて出題されました。ただ，コンテナ技術の知識がなく
ても，問題文に詳細な説明があり，丁寧に読み込めば合格点を狙える出題でした。
採点講評には，「全体として正答率は平均的であった」とあります。

問2　仮想化技術の導入に関する次の記述を読んで，設問1～5に答えよ。

　　U社は社員3,000人の総合商社である。U社では多くの商材を取り扱っ
ており，商材ごとに様々なアプリケーションシステム（以下，APという）
を構築している。APは個別の物理サーバ（以下，APサーバという）上で
動作している。U社の事業拡大に伴ってAPの数が増えており，主管部署
であるシステム開発部はサーバの台数を減らすなど運用改善をしたいと考
えていた。そこで，システム開発部では，仮想化技術を用いてサーバの台
数を減らすことにし，Rさんを担当者として任命した。

現在は，一つの AP ごとに物理サーバを
準備しているということですよね？

　　はい，そうです。しかも，一つのAPを2台の物理APサーバで冗長化して
います。APが二つあれば，4台の物理サーバが必要で，この構成だと物理サー
バの台数が増えてしまいます。仮想化技術を用いると，一つの物理サーバの
中に複数の仮想サーバを作れます。これにより，ハードウェアの費用や電気
代，設置場所が節約できたり，運用管理が便利になったりします。代表的な
仮想化技術の製品として，VMware社のvSphere Hypervisor（ESX）やCitrix
社のCitrix Hypervisor（旧Xen Server）などがあります。

　　現在のU社ネットワーク構成を図1に示す。

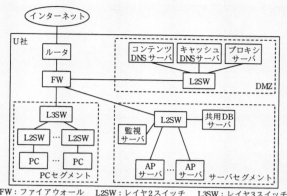

FW：ファイアウォール　L2SW：レイヤ2スイッチ　L3SW：レイヤ3スイッチ
DB：データベース
注記　ルータ，FW，L2SW，L3SW，コンテンツDNSサーバ，キャッシュDNSサー
　　バ，プロキシサーバ，共用DBサーバ，監視サーバは冗長構成であるが，
　　図では省略している。

図1　現在のU社ネットワーク構成（抜粋）

この試験で非常に重要な役割を担うネットワーク構成図です。午後I問1
でも述べましたが，FWを中心に「インターネット」「DMZ」「内部セグメン
ト」の三つに分けられていることを確認しましょう。今回，内部セグメント
は「PCセグメント」と「サーバセグメント」の二つに分けられています。

> PCセグメントとサーバセグメントをFWで分ける
> 必要性はありますか？

FWで分けることで，たとえば，PCから共用DBサーバにアクセスさせな
いなどのセキュリティを高めることができます。ただ，設問には関連しない
ので，気にせず先に進みましょう。

現在のU社ネットワーク構成の概要を次に示す。
- DMZ，サーバセグメント，PCセグメントにはプライベートIPアドレス
を付与している。
- キャッシュDNSサーバは，社員が利用するPCやサーバからの問合せを
受け，ほかのDNSサーバへ問い合わせた結果，得られた情報を応答する。
- コンテンツDNSサーバは，PCやサーバのホスト名などを管理し，PC

やサーバなどに関する情報を応答する。

　DNSに関しては，午後Ⅰ問3で詳しく解説したので，そちらも参照してください（p.148）。

　設問には関係ありませんが，今回の二つのDNSサーバの機能を以下に整理します。

■二つのDNSサーバの機能

サーバの種類	配置場所	役割
キャッシュDNSサーバ	DMZ	・DNS問合せの代理，キャッシュ機能
コンテンツDNSサーバ	DMZ	・外部に公開するホスト（サーバ）のホスト名の管理 ・内部のホスト（PCやサーバ）のホスト名の管理

- プロキシサーバは，PCからインターネット向けのHTTP通信及びHTTPS（HTTP over TLS）通信をそれぞれ中継する。

　一般論ですが，プロキシサーバを設置する主な目的は，キャッシュ機能による通信の高速化です。ただ，この点も，設問には関係しません。

- APは，共用DBサーバにデータを保管している。共用DBサーバは，事業拡大に必要な容量と性能を確保している。
- APごとに2台のAPサーバで冗長構成としている。

　ユーザからの受付をして処理するAPサーバと，データを保持するDBサーバが分離されています。APサーバはこのあとで説明がありますが，VRRPによって冗長化されています。

DBサーバは冗長化しなくていいのですか？

　複数のAPから共用される重要なサーバなので，冗長化が望ましいです。または適切なバックアップシステムが必要です。ただ，本問では，DBサーバは脇役で，あまり重要な役どころではありません。問題文を単純化して理

解しやすくするために，シングル構成になっているのでしょう。

> ・APサーバ上で動作する多くのAPは，HTTP通信を利用してPCからアクセスされるAP（以下，WebAPという）であるが，TCP/IPを使った独自のプロトコルを利用してPCからアクセスされるAP（以下，専用APという）もある。

　このあと，サーバに仮想化技術を利用しますが，以下のようにAPごとに利用する技術が分かれます。

■APが利用する仮想化技術

APの種類	プロトコル	利用する仮想化技術
WebAP	HTTP	コンテナ仮想化技術（Dockerなど）
専用AP	独自プロトコル	・サーバ仮想化技術（VMwareなど） ・コンテナ仮想化技術（Dockerなど）

　専用APは独自のプロトコルとありますが，ポート変換をすると正常に動作しないと考えておいてください。

> ・監視サーバは，DMZやサーバセグメントにあるサーバの監視を行っている。

　監視に関して，問題文の後半で説明があります。

　さて，ここからの問題文は，大きく5つのセクションに分かれています。それぞれ，設問にも対応しています。セクションごとに問題を解いていくと，2時間という長丁場の試験に対する心理的な負担が減ると思います。

■問題文のセクションと設問の対応

問題文	設問
〔サーバ仮想化技術を利用したAPの構成〕	設問1
〔コンテナ仮想化技術を利用したWebAPの構成〕	設問2
〔コンテナ仮想化技術を利用した専用APの構成〕	設問3
〔監視の検討〕	設問4
〔移行手順の検討〕	設問5

第3章
過去問解説
令和4年度
午後Ⅱ
問2
問題
問題解説
設問解説

〔サーバ仮想化技術を利用したAPの構成〕
　Rさんは，WebAPと専用APの2種類のAPについて，サーバ仮想化技術の利用を検討した。サーバ仮想化技術では，物理サーバ上で複数の仮想的なサーバを動作させることができる。

　まずはサーバ仮想化技術についてです。VMwareなどの製品を思い浮かべて読み進めてください。

　Rさんが考えたサーバ仮想化技術を利用したAPの構成を図2に示す。

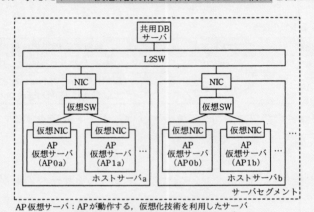

AP仮想サーバ：APが動作する，仮想化技術を利用したサーバ
ホストサーバ：複数のAP仮想サーバを収容する物理サーバ
仮想SW：仮想L2SW　　　　NIC：ネットワークインタフェースカード
注記　（　）内はAP仮想サーバ名を示し，AP名とそのAP仮想サーバが動作
　　　するホストサーバの識別子で構成する。一例として，AP0aは，AP名が
　　　AP0のAPが動作する，ホストサーバa上のAP仮想サーバ名である。
図2　サーバ仮想化技術を利用したAPの構成

　ホストサーバでは，サーバ仮想化を実現するためのソフトウェアである
　　　ア　　　が動作する。ホストサーバは仮想SWをもち，NICを経由してL2SWと接続する。
　AP仮想サーバは，ホストサーバ上で動作する仮想サーバとして構成する。AP仮想サーバの仮想NICは仮想SWと接続する。

　図2で示された構成は，サーバ仮想化の基本的な構成です。ホストサーバ上で複数の仮想サーバが動作します。図2に登場する機器および注記を含めて，ひととおり確認してください。

いつもならここで,「IPアドレス設計やVLAN設計をしてみましょう」と言われますが,今回は無しですか?

　本問の場合,仮想SWでのVLAN設定は不要です。VLANを分ける必要がないからです。また,IPアドレス設計に関しては,ホストサーバNIC,仮想サーバの仮想NICでそれぞれIPアドレスをもちますが,それほど複雑ではありません。

　空欄アは,設問1（1）で解説します。

　　一つのAPは2台のAP仮想サーバで構成する。2台のAP仮想サーバでは,冗長構成をとるためにVRRPバージョン3を動作させる。

VRRPって2台のルータを冗長化させる技術では?

　VRRPのフルスペルはVirtual Router Redundancy Protocolであり,本来はルータを冗長化する技術です。ですが,サーバの冗長化にも用いられることがあります。過去問（H28年度午後Ⅰ問3）においても,VRRPを使ってメールサーバを冗長化する構成が出題されました。ただ,サーバ冗長化のためにVRRPが使われるケースは実際には少なく,ネスペ試験だと負荷分散装置を導入することが多いことでしょう。

　また,VRRPバージョン3ですが,VRRPバージョン2と比較して,切り替わり時間が短かったり,IPv6に対応していたりします。本問ではバージョン3特有の仕様や機能は利用していないので,バージョンの違いを気にする必要はありません。

　サーバセグメントでは複数のAPが動作するので, VRRPの識別子としてAPごとに異なる　　イ　　を割り当てる。

　複数のAP仮想サーバをそれぞれ冗長化するので,どのAP仮想サーバが

ペアなのかを管理する必要があります。VRRPでは，識別子（＝空欄イ）を割り当ててペアとなる仮想サーバをグループ化します。空欄イは，設問1（1）で解説します。

①可用性を確保するために，VRRPを構成する2台のAP仮想サーバは，異なるホストサーバに収容するように設計する。

可用性とは，利用者が使いたいときに使える状態になっていることです。故障により1台が停止しても，もう1台で利用できていれば可用性は確保できています。

下線①は，設問1（2）で解説します。

VRRPの規格では，最大 ウ 組の仮想ルータを構成することができる。また，②マスタとして動作しているAP仮想サーバが停止すると，バックアップとして動作しているAP仮想サーバがマスタに切り替わる。

空欄ウは設問1（1），下線②は設問1（3）で解説します。

さて，ここからはVRRPの具体的なIPアドレス設計に関してです。問題文に番号を振ったので，次ページの図と照らし合わせて確認し理解を深めてください。

一例として，AP仮想サーバ（AP0a）（次ページ図❶）とAP仮想サーバ（AP0b）（❷）とで構成される，AP名がAP0のIPアドレス割当表を表1に示す。

表1 AP0のIPアドレス割当表

割当対象	IPアドレス
AP0a と AP0b の VRRP 仮想ルータ	192.168.0.16/22 ❺
AP0a の仮想 NIC	192.168.0.17/22 ❸
AP0b の仮想 NIC	192.168.0.18/22 ❹

APごとに，AP仮想サーバの仮想NICで利用する二つのIPアドレス（表1と図❸❹）とVRRP仮想ルータで利用する仮想IPアドレス（表1と図❺）

の計三つのIPアドレスの割当てと，一つのFQDNの割当てを行う。

DNSのリソースコード
```
ap0.u-sha.com  IN  A  192.168.0.16
              ⑧            ⑦
```

インターネット
U社
ルータ
FW

⑥ コンテンツDNSサーバ｜キャッシュDNSサーバ｜プロキシサーバ
L2SW
⑩   DMZ

L3SW
L2SW … L2SW
⑨ PC … PC
PCセグメント

共用DBサーバ
L2SW

③ NIC   VRRP仮想ルータ   NIC ④
192.168.0.17 192.168.0.16⑤ 192.168.0.18
仮想SW   仮想SW

仮想NIC｜仮想NIC   仮想NIC｜仮想NIC
AP仮想サーバ（AP0a）①｜AP仮想サーバ（AP1a）…｜AP仮想サーバ（AP0b）②｜AP仮想サーバ（AP1b）…
ホストサーバa   ホストサーバb
                          サーバセグメント

■ 問題文と図1，図2，表1の対応

> 実IPアドレスと仮想IPアドレスをもつところは，
> ルータのVRRPと同じですね。

はい，サーバであってもルータであっても，VRRPの設定の考え方は同じです。

また，ここでは記載されていませんが，VRRPでは優先度を設定します。仮にAP0aの優先度を高める場合，AP0aの仮想NICにはpriority 100，AP0bの仮想NICにはpriority 90などと設定します。

次の問題文も，上の図の番号と照らし合わせて確認してください。

APごとに，コンテンツ DNS サーバ（上図⑥）にリソースレコードの一つである　　エ　　レコードとしてVRRPで利用する仮想IPアドレス（⑦）を登録し，FQDN（⑧）とIPアドレスの紐付けを定義する。PC（⑨）にインストールされているWebブラウザ及び専用クライアントソフトウェ

第3章
令和4年度
過去問解説
午後Ⅱ
問2
問題
問題解説
設問解説

アは，DNSの エ レコードを参照（⓾）して接続するAPのIPア
ドレスを決定する。

次はDNSの設定です。難しいことは書かれていません。単に，VRRPの仮
想IPアドレス（192.168.0.16）にFQDN（ap0.u-sha.com）を割り当てるだ
けです。※FQDNのap0.u-sha.comは，このあとの表4を参考にしました。
空欄エは設問1（1）で解説します。
ここまでの問題文で，設問1に回答できます。

〔コンテナ仮想化技術を利用したWebAPの構成〕
次に，Rさんはコンテナ仮想化技術の利用を検討した。WebAPと専用
APに分け，まずはWebAPについて利用を検討した。

WebAP と専用 AP に分けるのはなぜですか？

使用するプロトコルが異なるからです。WebAPの場合はHTTPS，専用AP
はTCP/IPを使った**独自プロトコル**を利用します。あとで説明しますが，コ
ンテナ仮想化技術ではポートフォワードを使うため，宛先IPアドレスとポー
ト番号の変換（ポートフォワード）が発生します。しかし，独自プロトコル
でポートフォワードを使うと，通信できない可能性があります。結果的に，
専用APの一部では，コンテナ仮想化技術が使えません。

コンテナ仮想化技術では，あるOS上で仮想的に分離された複数のアプリ
ケーションプログラム実行環境を用意し，複数のAPを動作させることが
できる。

簡単にいうと，コンテナ仮想化技術を使うと，一つのOS上に複数のAP
を動作させることができるということです。しかも，簡単な設定でコンテナ
を起動できます。つまり，構築や運用の手間が少ないのです。

そんなことは，サーバ仮想化でもできるのでは？

　サーバ仮想化でもできますが，仮想OSやミドルウェアのインストールなどを行わなくてはいけません。基礎解説にも書きましたが（p.28），コンテナ技術は，さらに簡単にサーバを構築できるのです。

　Rさんが考えた，コンテナ仮想化技術を利用したWebAP（以下，WebAPコンテナという）の構成を図3に示す。

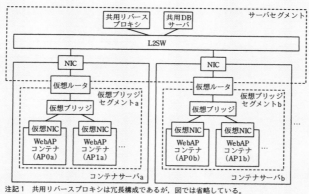

注記1　共用リバースプロキシは冗長構成であるが，図では省略している。
注記2　（　）内はWebAPコンテナ名を示し，AP名とそのWebAPコンテナが動作するコンテナサーバの識別子で構成する。一例として，AP0aは，AP名がAP0のAPが動作する，コンテナサーバa上のWebAPコンテナ名である。

図3　WebAPコンテナの構成

図2と似ていますが，何が変わったんですか？

　主な変更点は以下の四つです。
❶仮想サーバ ➡ コンテナ
❷仮想ルータの配置

一つのIPアドレス（コンテナサーバのIPアドレス）を複数のコンテナで共用するため、仮想ルータを使ってポートフォワードやNAPTを行います。このあと詳しく説明します。

❸ 仮想SW ➡ 仮想ブリッジ

呼び名が変わっただけで機能は同じです。このあと、もう少しだけ説明します。

❹ リバースプロキシの配置

共用リバースプロキシは、本問ではロードバランサ的な働きをします。

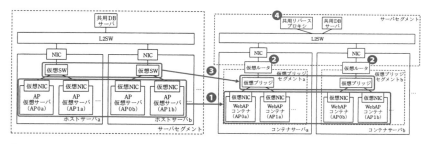

■図2と図3の変更点

> 注記に、共用リバースプロキシは冗長化とありますが、なぜですか？

意味ありげでヒントのような気もしますが、設問にはまったく関連しません。単に、信頼性を高めるために冗長化したのでしょう。

コンテナサーバでは、コンテナ仮想化技術を実現するためのソフトウェアが動作する。

このソフトウェアは、Dockerだと考えてください。

コンテナサーバは仮想ブリッジ、仮想ルータをもち、NICを経由してL2SWと接続する。WebAPコンテナの仮想NICは仮想ブリッジと接続する。

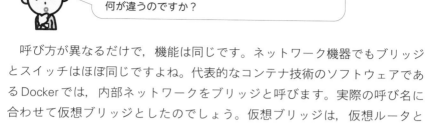

仮想SWが仮想ブリッジに変わったようですが，何が違うのですか？

　呼び方が異なるだけで，機能は同じです。ネットワーク機器でもブリッジとスイッチはほぼ同じですよね。代表的なコンテナ技術のソフトウェアであるDockerでは，内部ネットワークをブリッジと呼びます。実際の呼び名に合わせて仮想ブリッジとしたのでしょう。仮想ブリッジは，仮想ルータとWebAPコンテナ間を接続する役割があります。

　　WebAPコンテナは，仮想ルータの上で動作する**NAPT機能**とTCPやUDPの**ポートフォワード機能**を利用して，PCや共用DBサーバなどといった外部のホストと通信する。

　NAPT（Network Address Port Translation）は，そのフルスペルのとおり，IPアドレスとポートの変換です。
　ポートフォワードとは，届いたパケットのポート番号を見て，それに対応したサーバの特定ポートに通信を振り分ける機能です。パケットの宛先IPアドレスやポート番号を変換し，次の機器に渡しているとも考えられます。

NAPTもポートフォワードも，どちらもIPアドレスやポートの変換であれば，どちらか一方だけではダメですか？

　両方が必要です。なぜかというと，コンテナ（たとえばAP0a）⇔コンテナサーバの外（たとえば共用DBサーバ）で，双方向でポートを変換する処理が必要だからです。NAPT機能とポートフォワード機能に関しては，このあとの問題文に詳しい説明があるので，ここでは方向だけの解説にとどめます。

通信の方向	機能
コンテナ ➡ コンテナサーバの外	NAPT機能
コンテナサーバの外 ➡ コンテナ	ポートフォワード機能

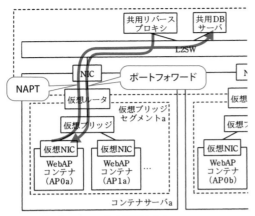

■ **NAPTとポートフォワードの通信の方向**

> コンテナサーバ内の仮想ブリッジセグメントには，新たにIPアドレスを付与する必要があるので，プライベートIPアドレスの未使用空間から割り当てる。また，③複数ある全ての仮想ブリッジセグメントには，同じIPアドレスを割り当てる。

IPアドレスの割当ては，コンテナが自動割当てですか？

　この問題文の書き方だと，「手動で設定」しているようです。しかし，Dockerなどのコンテナ技術の場合，一般的には自動でIPアドレスを割り当てます。
　下線③に関して，詳しくは設問2（1）で解説します。

> WebAPコンテナには，APごとに一つのFQDNを割り当て，コンテンツDNSサーバに登録する。

　たとえばAP0にはap0.u-sha.comのFQDNを割り当てて，ap0.u-sha.comのIPアドレスをコンテンツDNSサーバに登録します。登録するIPアドレスが，設問2（3）で問われます。

WebAPコンテナでは，APの可用性を確保するために，共用リバースプロキシを新たに構築して利用する。共用リバースプロキシは負荷分散機能をもつHTTPリバースプロキシとして動作し，クライアントからのHTTPリクエストを受け，④ヘッダフィールド情報からWebAPを識別し，WebAPが動作するWebAPコンテナへHTTPリクエストを振り分ける。

リバースプロキシは，負荷分散装置のような役割だと考えてください。サーバ仮想化方式の場合，冗長化はVRRPで行いました。一方でコンテナでの冗長化は，下線④のような振り分け処理が必要です。これは，VRRPではできません。そこで，今回は共用リバースプロキシを使います。

下線④は，設問2（2）で解説します。

振り分け先であるWebAPコンテナは複数指定することができる。振り分け先を増やすことによって，WebAPの処理能力を向上させることができ，また，個々のWebAPコンテナの処理量を減らして負荷を軽減できる。

やっていることは，まさに負荷分散機能と同じです。

共用リバースプロキシ，コンテナサーバには，サーバセグメントの未使用のプライベートIPアドレスを割り当てる。共用リバースプロキシ，コンテナサーバのIPアドレス割当表を表2に，コンテナサーバaで動作する仮想ブリッジセグメントaのIPアドレス割当表を表3に示す。

表2　共用リバースプロキシ，コンテナサーバの IP アドレス割当表（抜粋）

割当対象	IP アドレス
共用リバースプロキシ	192.168.0.98/22
コンテナサーバ a	192.168.0.112/22
コンテナサーバ b	192.168.0.113/22

表3　仮想ブリッジセグメント a の IP アドレス割当表（抜粋）

割当対象	IP アドレス
仮想ルータ	172.16.0.1/24
WebAP コンテナ（AP0a）	172.16.0.16/24
WebAP コンテナ（AP1a）	172.16.0.17/24

表2，表3のIPアドレスを，図3に当てはめたのが下図です。なお，コンテナサーバb内のIPアドレスは問題文では示されていませんが，コンテナサーバaと同じと想定しました。

※仮想ブリッジにはIPアドレスは付与されません。

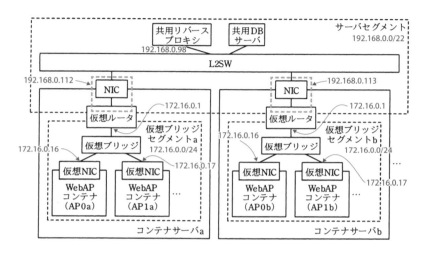

■表2，表3のIPアドレスを図3に記入

たしかに，仮想ブリッジセグメント a と b で
IP アドレスが重複しています。いいのですか？

どちらも 172.16.0.0/24 なので，重複しています。しかし，すでに述べたとおり，仮想ルータのNAPT機能やポートフォワード機能があるので通信に問題はありません。

共用リバースプロキシは，振り分け先であるWebAPコンテナが正常に稼働しているかどうかを確認するためにヘルスチェックを行う。ヘルスチェックの結果，正常なWebAPコンテナは振り分け先として利用され，異常があるWebAPコンテナは振り分け先から外される。

ヘルスチェックの具体的な方法は示されていませんが，一般的にはHTTP
のGETリクエストを送り，その応答があるかないかで正常かどうかを判断
します。

　振り分けルールの例を表4に示す。

表4　振り分けルールの例（抜粋）

AP名	（設問のため省略）	WebAP コンテナ名	振り分け先
AP0	ap0.u-sha.com	AP0a	192.168.0.112:8000
		AP0b	192.168.0.113:8000
AP1	ap1.u-sha.com	AP1a	192.168.0.112:8001
		AP1b	192.168.0.113:8001

　振り分けルールですが，難しいことは書かれていません。ここでは，わか
りやすくするために，AP0だけで考えてみましょう。
　AP0を利用したいユーザは，http://ap0.u-sha.com に接続します。振り分
け先は，コンテナサーバaか，コンテナサーバbの二つです。このとき，ポー
ト番号を指定することで，AP0への接続だとわかるようにします。

コンテナサーバa（192.168.0.112）なのか，
コンテナサーバb（192.168.0.113）なのかを指定

AP名	（設問のため省略）	WebAP コンテナ名	振り分け先	
AP0	ap0.u-sha.com	AP0a	192.168.0.112	8000
		AP0b	192.168.0.113	8000

Webコンテナを指定（8000なので，WebコンテナAP0）

■振り分け先

第3章
過去問解説
令和4年度
午後II

問2

問題

問題解説

設問解説

　　仮想ルータのポート番号を，どのコンテナの何番ポートに割り当てるのか
は，コンテナ起動時に手動で設定します。基礎解説でも書きましたが（p.32），
たとえば，コンテナサーバaでDockerを利用し，ap0aという名前のWebサー
バ（80番で動作）を8000番ポートで接続させるには，以下のコマンドを実行
します。

```
# docker run -d --name ap0a -p 8000:80 httpd
                              ↑
      コンテナサーバの8000番ポートをWebAPコンテナの80番ポートに割当て
```

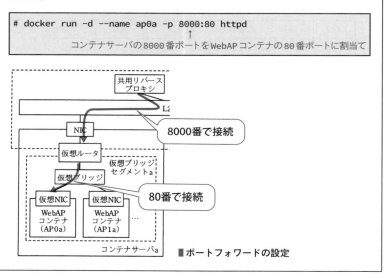

■ポートフォワードの設定

　　PCが，表4中のAP0と行う通信の例を次に示す。
（1）PCのWebブラウザは，http://ap0.u-sha.com/へのアクセスを開始する。
（2）PCはDNSを参照して，ap0.u-sha.comの接続先IPアドレスとして
　　　┃ オ：192.168.0.98 ┃ を取得する。

　　PCがAP0と通信をする流れが記載されています。ここでは，流れを理解
してもらうのが大事なので，空欄の正解を記載しています。

　　（1）と（2）は，PCが共用リバースプロキシのIPアドレス（空欄オ）を
取得するまでの流れです。

　　さて，次の問題文の（3）～（7）の前半までが重要です。問題文の（3）～（7）

が図4のどこに対応するかを示しましたので，両者を対比しながら読み進め
てください。

難しそうです。

　問題文では1ページ以上にわたって解説をしていますが，実はとっても単
純です。イメージだけ掴んでいただくように，図4の宛先IPアドレスだけ抜
き出します。

　PCから送られる（ⅰ）のパケット，共用リバースプロキシから送られる（ⅱ）
のパケット，仮想ルータから送られる（ⅲ）のパケットの宛先IPアドレスは，
それぞれ隣接している機器です。

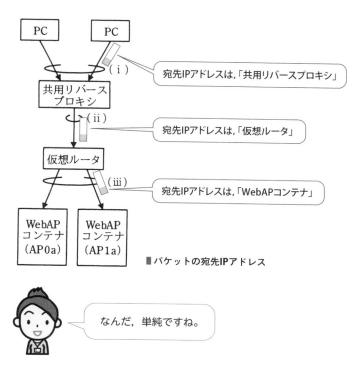

■パケットの宛先IPアドレス

第3章
過去問解説
令和4年度
午後Ⅱ
問2
問題
問題解説
設問解説

なんだ，単純ですね。

　はい，そして，宛先ポート番号も基本的には80で共通です。ただ，（ⅱ）
だけは違います。どのAPかを判断するために，ポート番号を識別子の役割

として使っているからです。

さて，この知識をもって，問題文の続きを理解していきましょう。

(3) PCは宛先IPアドレスが ┃ オ：192.168.0.98 ┃ ，宛先ポート番号が80番宛てへ通信を開始する。

(4) PCからのリクエストを受けた共用リバースプロキシは振り分けルールに従って振り分け先を決定する。

(5) 共用リバースプロキシは宛先IPアドレスが192.168.0.112，宛先ポート番号が ┃ カ：8000 ┃ 番宛てへ通信を開始する。

(6) 仮想ルータは宛先IPアドレスが192.168.0.112，宛先ポート番号が ┃ カ：8000 ┃ 番宛てへの通信について，⑤ポートフォワードの処理によって宛先IPアドレスと宛先ポート番号を変換する。

(7) WebAPコンテナAP0aはコンテンツ要求を受け付け，(後半略)

(3)の通信が図4の(ⅰ)，(5)の通信が図4の(ⅱ)，(7)の通信が図4の(ⅲ)です。詳しくは，このあとの図4の解説で説明します。

空欄オ，空欄カは，設問2(3)で解説します。

(7) (前半略)，対応するコンテンツを応答する。

(8) 共用リバースプロキシはコンテンツ応答を受け，PCに対応するコンテンツを応答する。

(9) PCはコンテンツ応答を受ける。

(7)からの応答パケットは，受信時と逆の経路で，IPアドレスとポート番号を逆方向に変換しながら，PCに送信されます。

WebAPコンテナであるAP0aとAP1aに対するPCからのHTTP接続要求パケットの例を図4に示す。

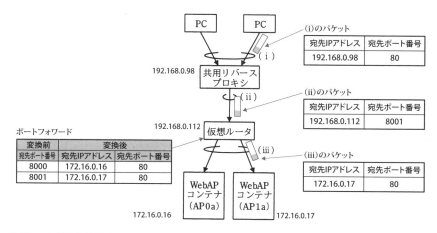

図の上部：

（ i ）の箇所で通信が確認できる HTTP 接続要求パケット

送信元IPアドレス	送信元ポート番号	宛先IPアドレス	宛先ポート番号
192.168.145.68	30472	192.168.0.98	80
192.168.145.154	31293	192.168.0.98	80

（ ii ）の箇所で通信が確認できる HTTP 接続要求パケット

送信元IPアドレス	送信元ポート番号	宛先IPアドレス	宛先ポート番号
192.168.0.98	54382	192.168.0.112	8000
192.168.0.98	34953	192.168.0.112	8001

（ iii ）の箇所で通信が確認できる HTTP 接続要求パケット

送信元IPアドレス	送信元ポート番号	宛先IPアドレス	宛先ポート番号
192.168.0.98	54382	172.16.0.16	80
192.168.0.98	34953	172.16.0.17	80

注記 ──→ は，通信の方向を示す。

図4　AP0a と AP1a に対する PC からの HTTP 接続要求パケットの例

　こちらもかなり重たい図です。理解すべきは宛先IPアドレスと宛先ポート番号だけです。

　また，（ i ）（ ii ）（ iii ）のそれぞれで二つずつパケットがありますが，上段が左矢印のAP0a向け，下段が右矢印のAP1a向けです。下段のAP1a，かつ宛先IPアドレスと宛先ポートに限定したのが下図です。ぜひ，この図でパケットの変化の様子を確認してください。

※仮想ルータのポートフォワード処理の対応も図内に示しています。

ポートフォワード

変換前	変換後	
宛先ポート番号	宛先IPアドレス	宛先ポート番号
8000	172.16.0.16	80
8001	172.16.0.17	80

(i)のパケット

宛先IPアドレス	宛先ポート番号
192.168.0.98	80

(ii)のパケット

宛先IPアドレス	宛先ポート番号
192.168.0.112	8001

(iii)のパケット

宛先IPアドレス	宛先ポート番号
172.16.0.17	80

■ パケットの変化の様子

図が単純化して，読むのが楽になりました。

全部を理解しようとすると大変ですよね。

さて，パケットがなぜこのように変化するか，補足します。

(ⅱ)のパケット

共用リバースプロキシの振り分けルール（表4，以下に再掲）に基づきます。今回はAP1aに振り分けるので，表4の3行目にしたがってパケットの宛先を192.168.0.112（コンテナサーバaの仮想ルータ），ポート番号を8001に書き換えます。

表4　振り分けルールの例（抜粋）

AP名	（設問のため省略）	WebAPコンテナ名	振り分け先
AP0	ap0.u-sha.com	AP0a	192.168.0.112:8000
		AP0b	192.168.0.113:8000
AP1	ap1.u-sha.com	AP1a	192.168.0.112:8001
		AP1b	192.168.0.113:8001

■パケットの宛先とポート番号の書換え

(ⅲ)のパケット

仮想ルータのポートフォワード機能の動作です。ポートフォワードによる振り分けルールは以下のとおりです。

■ポートフォワードの振り分けルール

宛先ポート番号	振り分け先	
	宛先IPアドレス	宛先ポート番号
8000	172.16.0.16	80
8001	172.16.0.17	80

今回は宛先ポート番号が8001なので，宛先IPアドレスは下段の172.16.0.17，宛先ポート番号は80になります。

ここまでの問題文で，設問2に答えることができます。

〔コンテナ仮想化技術を利用した専用APの構成〕

　Rさんは，専用APはTCP/IPを使った独自のプロトコルを利用するので，HTTP通信を利用するWebAPと比較して，<mark>通信の仕方に不明な点が多い</mark>と感じた。そこで，コンテナ仮想化技術を導入した際の懸念点について上司のO課長に相談した。

　専用APは独自のプロトコルを使うので，コンテナ仮想化技術では注意が必要ということです。じゃあどうするかというと，このあとに動作確認をします。その結果，正常に動作しない場合はコンテナ仮想化技術ではなく，サーバ仮想化技術を使います。

　次は，コンテナ仮想化技術を利用した専用AP（以下，<mark>専用APコンテナ</mark>という）に関する，RさんとO課長の会話である。

　専用APのなかで，コンテナ仮想化技術を利用するものは「専用APコンテナ」といいます。
　少し複雑になってきたので，WebAPと専用APでの構成の違いについて整理します。この表では，このあとに説明がある負荷分散の仕組みについても記載しました。

■ **WebAPと専用APの構成の違い**

APの種類	コンテナ仮想化技術に対応できるか	使用する仮想化技術	コンテナ名	負荷分散の仕組み
WebAP	○	コンテナ仮想化技術	WebAPコンテナ	共用リバースプロキシ
専用AP	○	コンテナ仮想化技術	専用APコンテナ	専用APで利用可能な負荷分散機能をもつ製品を利用
	×	サーバ仮想化技術	—（コンテナ技術を使わない）	—（冗長化はVRRP）

　Rさん：専用APですが，APサーバ上で動作する専用APと同じように，専用APコンテナとして動作させることができたとしても，⑥PCや共用DBサーバなどといった外部のホストとの通信の際に，仮想ルータのネットワーク機能を使用しても専用APが正常に動作

第3章

令和4年度

過去問解説

午後Ⅱ

問2

問題

問題解説

設問解説

することを確認する必要があると考えています。

専用APであっても、コンテナを起動すれば、動くようにはできることでしょう。しかし、仮想ルータでNAPTなどによるポート変換を実施した場合に、専用APが正常に動作するかどうかは確認が必要です（すでに解説したとおりです）。下線⑥は、設問3（1）で解説します。

O課長：そうですね。専用APはAPごとに通信の仕方が違う可能性があります。APサーバと専用APコンテナの構成の違いによる影響を受けないことを確認する必要がありますね。

O課長は、Rさんと同じことを言っているような気がします。

そのとおりです。「APサーバと専用APコンテナの構成の違い」は、（主に）仮想ルータがあるかどうかの違いです。その違いにより、仮想ルータでのNAPTやポートフォワード処理が加わります。ということなので、先のRさんと言っていることは同じです。

それと、⑦同じポート番号を使用する専用APが幾つかあるので、これらの専用APに対応できる負荷分散機能をもつ製品が必要になります。

Rさん：分かりました。

これまでのWebAPの場合、共用リバースプロキシが負荷分散機能を実現しました。しかし、リバースプロキシは負荷分散の専用機ではないので、万能ではありません。

今回は、同じポート番号の通信を振り分ける必要があります。たとえば、専用APとしてAP3とAP4があり、どちらもポート番号9999を使う場合です。

先のWebAPの場合も，AP0とAP1が
同じ80ポートを使いましたよね？

　はい。同じポート番号を使うというのはよくあることですが，振り分け
をする仕組みが必要です。先のWebAPの場合は，ap0.u-sha.comなどの接
続先のURL（正しくはFQDN）にて振り分けをしました。これは，WebAP
がHTTPプロトコルを使っているので，FQDNを使った振り分けができるの
です。しかし，HTTPプロトコル以外はヘッダにFQDNの情報をもちません。
そこで，専用APの場合には，別の仕組みが必要です。詳しくは，設問3（2）
で解説します。

> **参考** **ポートが分かれている場合の振り分け設定**

　問題文では，ポート番号が同じ場合の振り分けがテーマでした。ここでは，
ポートが分かれている場合の負荷分散装置（以下，LB）の設定を紹介します。
実は，振り分け処理としてはとても単純です。
　下図を見てください。コンテナサーバa（192.168.0.112）と，コンテナサー
バb（192.168.0.113）があり，それぞれ専用APが二つ（AP3とAP4）あります。
宛先ポート番号はAP3が3333，AP4が4444とします。

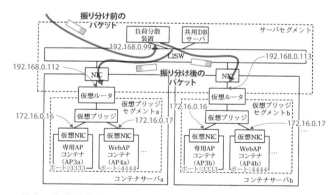

　この場合，負荷分散装置では，以下の振り分け表にしたがって振り分けを
します。

負荷分散装置のIPアドレス	振り分けサーバ
192.168.0.99	192.168.0.112（コンテナサーバa）
	192.168.0.113（コンテナサーバb）

また，コンテナサーバでは，ポート番号が3333宛ての通信はAP3コンテナ（172.16.0.16）のポート3333に振り分け，ポート番号が4444宛ての通信はAP4コンテナ（172.16.0.17）のポート4444に振り分けます。これは，ポートフォワードの処理です。コンテナを作成時に以下のようにするだけなので，特殊な設定は不要です。

基礎解説でも述べましたが（p.32），以下のような設定です。

```
docker run -d -p 3333:3333 -d --name AP3 httpd
docker run -d -p 4444:4444 -d --name AP4 httpd
```

このように，負荷分散機能としては単純なので，下線⑦のような特別な製品は必要ありません。

Rさんは専用APで利用可能な負荷分散機能をもつ製品の調査をし，WebAPと併せて検討結果を取りまとめ，O課長に報告した。

Rさんが，サーバの台数を減らすなど運用改善のために検討したまとめを次に示す。
• 第一に，リソースの無駄が少ないことやアプリケーションプログラムの起動に要する時間を短くできる特長を生かすために，コンテナ仮想化技術の利用を進め，順次移行する。
• 第二に，コンテナ仮想化技術の利用が適さないAPについては，サーバ仮想化技術の利用を進め，順次移行する。
• 第三に，移行が完了したらAPサーバは廃止する。

この内容は，まとめみたいなもので，特筆すべきことはありません。ざっくりいうと，コンテナ仮想化とサーバ仮想化のそれぞれの特徴を活かしつつ順次移行する，ということです。

ここまでの問題文で，設問3に答えることができます。

〔監視の検討〕
次に，Rさんが考えた，監視サーバによる図3中の機器の監視方法を表5に示す。

表5　図3中の機器の監視方法（抜粋）

項番	監視種別	監視対象	設定値
1	ping 監視	共用リバースプロキシ	192.168.0.98
2		コンテナサーバ a	192.168.0.112
3		コンテナサーバ b	192.168.0.113
4	TCP 接続監視	WebAP コンテナ（AP0a）	192.168.0.112:8000
5		WebAP コンテナ（AP0b）	192.168.0.113:8000
6	URL 接続監視	共用リバースプロキシ	http://ap0.u-sha.com:80/index.html
7		WebAP コンテナ（AP0a）	http://192.168.0.112:8000/index.html
8		WebAP コンテナ（AP0b）	http://192.168.0.113:8000/index.html

　監視サーバは3種類の監視を行うことができる。ping監視は，監視サーバが監視対象の機器に対してICMPのエコー要求を送信し，一定時間以内に　　キ　　を受信するかどうかで，IPパケットの到達性があるかどうかを確認する。TCP接続監視では，監視サーバが監視対象の機器に対してSYNパケットを送信し，一定時間以内に　　ク　　パケットを受信するかどうかで，TCPで通信ができるかどうかを確認する。URL接続監視では，監視サーバが監視対象の機器に対してHTTP　　ケ　　メソッドでリソースを要求し，一定時間以内にリソースを取得できるかどうかでHTTPサーバが正常稼働しているかどうかを確認する。

　3種類の監視（ping監視，TCP接続管理，URL接続監視）の説明です。基礎的な内容が記載されているだけので，読むのはそれほど難しくなかったことでしょう。
　空欄は設問4（1）で解説します。

　ping監視でWebAPコンテナの稼働状態を監視することはできない。⑧表5のように複数の監視を組み合わせることによって，監視サーバによる障害検知時に，監視対象の状態を推測することができる。

　ping監視でWebAPコンテナを監視できないのは，ICMPパケットは「ポート」がないので，ポートフォワードができないからです。
　下線⑧は，設問4（2）と（3）で解説します。

　私が実施するネスペセミナーでは，皆さんにいろいろな質問を投げかけます。本当に理解しているかを確認するために，ときに意地悪な質問をします。たとえば，「HTTPはTCPの通信ですが，ICMPはTCPとUDPのどちらですか」などです。

　この質問に即答できる人は多くありません。「信頼性が求められないのでUDP？」と答える方もいます。もちろん正解がわかる人もいますが，本当に正解なのか，確証がもてない人がほとんどです。正解はご存じのとおり，ICMPはICMPというプロトコルであり，TCPでもUDPでもありません。

　以下にICMPのパケットを紹介します。皆さんも，Wiresharkで実際のパケットを見てください。実際に見ることで理解が深まりますし，記憶にも残ります。

　ICMPはTCP/UDPではないので，HTTPにあるようなポート番号がありません。

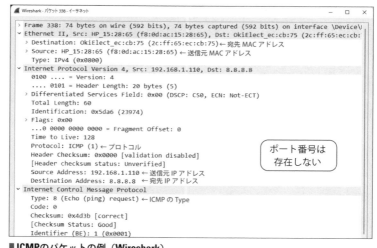

■ICMPのパケットの例（Wireshark）

〔移行手順の検討〕

　Rさんは，コンテナ仮想化技術を利用したWebAPの移行手順を検討した。

　2台のAPサーバで構成するAP0を，WebAPコンテナ（AP0a）とWebAPコンテナ（AP0b）へ移行することを例として，WebAPの移行途中の構成を図5に，WebAPの移行手順を表6に示す。

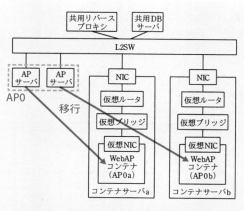

図5 WebAP の移行途中の構成（抜粋）

　図5に追記しましたが，2台のAPサーバで構成するAP0をコンテナサーバaとbに移行します。

表6　WebAP の移行手順

項番	概要	内容
1	WebAP コンテナの構築	コンテナサーバ上に WebAP コンテナを構築する。
2	共用リバースプロキシの設定	WebAP コンテナに合わせて振り分けルールの設定を行う。
3	WebAP コンテナ監視登録	監視サーバに WebAP コンテナの監視を登録する。
4	動作確認	⑨テスト用の PC を用いて動作確認を行う。
5	DNS 切替え	DNS レコードを書き換え，AP サーバから WebAP コンテナへ切り替える。
6	AP サーバ監視削除	監視サーバから AP サーバの監視を削除する。
7	AP サーバの停止	⑩停止して問題ないことを確認した後に AP サーバを停止する。

ネスペ試験ではおなじみの，移行手順です。

　移行手順を読むのは嫌いなんですよ。

　全部の内容を丁寧に読む必要があるので，疲れますよね。でも，今回の内容は，すでに問題文に記載されたことがほとんどなので，それほど難しくありません。

以下，表6の移行手順を図5に記載したので，両者を照らし合わせて一つ
ひとつ丁寧に読んでいきましょう。

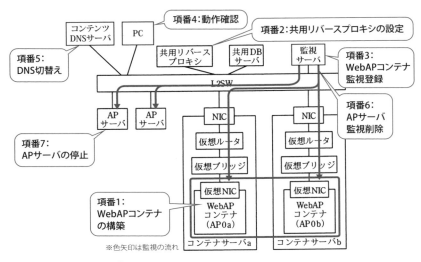

■ 表6の移行手順を図5に記載

注意点を一つ。項番1と項番2が完了すると，WebAPコンテナが動作で
きる状態になります。しかし，項番5のDNSレコードの切替えが終わって
いないので，PCからのアクセス先は（旧の）APサーバのままです。この状
態で，項番4の動作試験を行います。なので，試験をするには少し工夫が必
要です。この点は，設問5（1）で問われます。

また，下線⑩について，APサーバの停止前に確認する内容が設問5（2）
で問われます。

　　Rさんは表6のWebAPの移行手順をO課長に報告した。次は，WebAP
　の移行手順に関する，O課長とRさんの会話である。

　O課長：今回の移行はAPサーバとWebAPコンテナを並行稼働させて
　　　　　<u>DNSレコードの書換え</u>によって切り替えるのだね。

"DNSレコードの書換え"とは，項番5のことです。ap0.u-sha.comに対

応するIPアドレスを，APサーバのVRRP仮想IPアドレス（192.168.0.16）から，共用リバースプロキシのIPアドレス（192.168.0.98）に書き換えます。

```
ap0.u-sha.com.   IN   A   192.168.0.16 ←192.168.0.98に書換え
```

■DNSレコードの書換え

> Rさん： そうです。同じ動作をするので，DNSレコードの書換えが反映されるまでの並行稼働期間中，APサーバとWebAPコンテナ，どちらにアクセスが行われても問題ありません。
>
> O課長： 分かりました。並行稼働期間を短くするためにDNS切替えの事前準備は何があるかな。
>
> Rさん： はい。⑪あらかじめ，DNSのTTLを短くしておく方が良いですね。
>
> O課長： そうですね。移行手順に記載をお願いします。
>
> Rさん： 分かりました。

　DNSにおけるTTL（Time To Live：生存時間）は，DNSのレコード情報をキャッシュする時間です。たとえばTTLが86400秒（＝1日）に設定してあると，キャッシュDNSサーバでは前回情報を取得してから1日の間は，コンテンツサーバに最新の情報を取りに行きません。つまり，このTTLの期間中は，コンテンツサーバで情報を変更しても，PCにその情報が反映されません。

　下線⑪は設問5（3）で解説します。

> O課長： 動作確認はどのようなことを行うか詳しく教えてください。
>
> Rさん： はい。WebAPコンテナ2台で構成する場合は，⑫次の3パターンそれぞれでAPの動作確認を行います。一つ目は，全てのWebAPコンテナが正常に動作している場合，二つ目は，2台のうち1台目だけWebAPコンテナが停止している場合，最後は，2台目だけWebAPコンテナが停止している場合です。また，障害検知の結果から，正しく監視登録されたことの確認も行います。

　下線⑫は設問5（4）で解説します。

第3章
過去問解説
令和4年度
午後Ⅱ
問2
問題
問題解説
設問解説

O課長：分かりました。良さそうですね。

　APを，仮想化技術を利用したコンテナサーバやホストサーバに移行することによって期待どおりにサーバの台数を減らせる目途が立ち，システム開発部では仮想化技術の導入プロジェクトを開始した。

問題文の解説はここまでです。本当におつかれさまでした。

設問1

〔サーバ仮想化技術を利用したAPの構成〕について，(1) ～ (3) に答えよ。

(1) 本文中の　ア　～　エ　に入れる適切な字句又は数値を答えよ。

空欄ア

問題文の該当箇所は以下のとおりです。

> サーバ仮想化技術では，物理サーバ上で複数の仮想的なサーバを動作させることができる。(略) ホストサーバでは，サーバ仮想化を実現するためのソフトウェアである　ア　が動作する。

サーバ仮想化を実現するために，ホストサーバで動作させるソフトウェアはハイパーバイザです。

物理的には1台のサーバしかなくても，ハイパーバイザをインストールするとハイパーバイザ上で複数の仮想サーバを動作させることができます。

> **解答** ハイパーバイザ

空欄イ，ウ

問題文の該当箇所は以下のとおりです。

> サーバセグメントでは複数のAPが動作するので，VRRPの識別子としてAPごとに異なる　イ　を割り当てる。(略) VRRPの規格では，最大　ウ　組の仮想ルータを構成することができる。

Ciscoルータでの VRRPの設定を紹介します。次のように，実 IP アドレ

ス，仮想IPアドレス，優先度を設定します。一つのルータに複数のVRRPの設定が可能なので，VRRPのグループを識別する番号であるVRID（Virtual Router IDentifier）を設定します。以下の場合，VRIDは10です。

■ **VRRPの設定の例（Ciscoルータ）**

```
RouterA(config)#interface FastEthernet0
RouterA(config-if)# ip address 192.168.0.17 255.255.252.0  ←実IPアドレスの設定
RouterA(config-if)# vrrp 10 ip 192.168.1.16  ←仮想IPアドレスの設定
RouterA(config-if)# vrrp 10 priority 100  ←優先度の設定
                         ↑VRRPのグループを識別する番号（VRID）
```

また，VRIDは1～255の値が設定できます。同一セグメント内では最大255組のVRRPを稼働させることができます。

> **解答** 空欄イ：VRID　　空欄ウ：255

空欄イとウは難しかったと思います。

空欄エ

問題文の該当箇所は以下のとおりです。

> APごとに，コンテンツDNSサーバにリソースレコードの一つである [エ] レコードとしてVRRPで利用する仮想IPアドレスを登録し，FQDNとIPアドレスの紐付けを定義する。PCにインストールされているWebブラウザ及び専用クライアントソフトウェアは，DNSの [エ] レコードを参照して接続するAPのIPアドレスを決定する。

DNSサーバに登録するリソースレコードはAレコードです。具体的には以下の内容をDNS（ゾーンファイル）に登録します。

```
ap0.u-sha.com  IN  A  192.168.0.16
```
PCが接続するドメイン　　　APのIPアドレス（VRRPの仮想IPアドレス）

> **解答** A

(2) 本文中の下線①について，2台のAP仮想サーバを同じホストサーバに収容した場合に起きる問題を 可用性確保の観点 から40字以内で述べよ。

問題文の該当箇所は以下のとおりです。

①可用性を確保するために，VRRPを構成する2台のAP仮想サーバは，異なるホストサーバに収容するように設計する。

設問の条件である「2台のAP仮想サーバを同じホストサーバに収容した場合」は以下の図のとおりです。

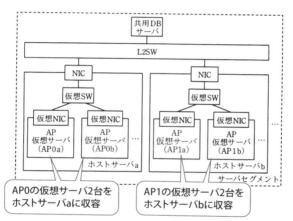

ヒントは，設問文にある「可用性確保の観点」です。この収容だと，ホストサーバaが故障などで停止すると，AP0用のAP仮想サーバが2台とも停止してしまいます。

解答の組み立て方としては，設問にある「AP仮想サーバ」と「ホストサーバ」という言葉をそのまま使って答えます。設問では「可用性確保の観点」での「問題」を答えるように指示されていたので，「利用できない」「停止する」などの「問題」点を記載します。

解答例 ホストサーバが停止した場合，AP仮想サーバが2台とも停止する。(31字)

第3章 過去問解説 令和4年度 午後Ⅱ 問2 問題 問題解説 設問解説

（3）本文中の下線②について，マスタが停止したとバックアップが判定する条件を50字以内で述べよ。

問題文の該当箇所は以下のとおりです。

②マスタとして動作している AP 仮想サーバが停止すると，バックアップとして動作している AP 仮想サーバがマスタに切り替わる。

難しい問題ですが，これは知識問題ですか？

はい，そうです。知っていないといけません。過去のネットワークスペシャリスト試験では，VRRPの仕組みとVRRPアドバタイズメントという用語が何度も登場しています。また，採点講評には「VRRPは可用性確保のためによく利用される技術であり，動作原理について正確に理解してほしい」とあります。この試験に受かりたいなら，知っていて当然というコメントに感じます。これを機に覚えてください。

さて，解説ですが，VRRPでは，マスタ（となるルータやサーバ）が定期的（デフォルトでは1秒間隔）にVRRPアドバタイズメントパケットをマルチキャストで送信します。

バックアップ（となるルータやサーバ）は，マスタが送信したVRRPアドバタイズメントを受信している間は，「マスタが稼働している」と判断し，バックアップの状態を継続します。

ところが，マスタが停止してしまうと，バックアップにはVRRPアドバタイズメントが届かなくなります。届かない状態が一定時間以上継続した場合，バックアップは「マスタが停止した」と判断し，自分自身がマスタに昇格し，VRRP仮想IPアドレス宛てのパケットを受信するようになります。

> **解答例** バックアップが，VRRPアドバタイズメントを決められた時間内に受信しなくなる。（39字）

参考までに，切替えまでの待ち時間は優先度やVRRPアドバタイズメント
の送信間隔で決まります。計算式は，

（3×送信間隔）＋（（256－優先度）／256）

なので，優先度が100，送信間隔が1秒の場合，待ち時間は約3.6秒です。

設問2

　　〔コンテナ仮想化技術を利用したWebAPの構成〕について，(1)〜(4)
　に答えよ。
　(1) 本文中の下線③について，複数ある全ての仮想ブリッジセグメントで
　　　同じIPアドレスを利用して問題ない理由を40字以内で述べよ。

　問題文には，「③複数ある全ての仮想ブリッジセグメントには，同じIPア
ドレスを割り当てる」とあります。
　問題文の解説で記したIPアドレス設計の図を再掲します。

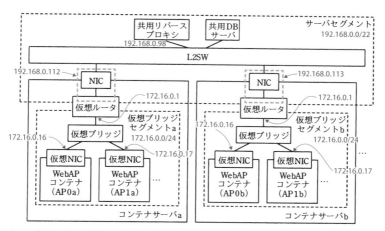

■**IPアドレス設計の図（再掲）**

　問題文でも解説しましたが，仮想ルータではNAPT機能とポートフォワー
ド機能が動作し，仮想ブリッジセグメント内のWebAPコンテナのIPアドレ

スは，コンテナサーバ外からは見えません。そして，コンテナサーバ外部との通信はすべてNICのIPアドレスを使います。これが，同じIPアドレスを利用しても問題ない理由です。

> これって，プライベートIPアドレスが重複していいのと同じ理屈ですか？

　そうです。多くの家庭では192.168.0.0/16のネットワークアドレスのIPアドレスを使ってインターネットに接続しています。しかし，インターネットの出口のルータでは，IPアドレスがNAPTによって変換されるので，IPアドレスが重複していても何ら問題はありません。

　解答の書き方ですが，「仮想ブリッジセグメントでのIPアドレス」は，「外部」では「利用されない」ことを記載します。設問では「理由」が問われているので，文末は「から」で終えるようにしましょう。

解答例	外部ではコンテナサーバに付与したIPアドレスが利用されることはないから（35字）

> 「コンテナサーバに付与したIPアドレス」って，どれを指していますか？

　前ページの図でいうと，NICである192.168.0.112だと思いますよね。となると，この解答例は間違っています。192.168.0.112は外部で使うからです。なので，解答例は「コンテナサーバ」ではなく「コンテナ」と書くべきです。

設問2

　（2）本文中の下線④について，共用リバースプロキシはどのヘッダフィールド情報からWebAPを識別するか。15字以内で答えよ。

　問題文の該当箇所は次のとおりです。

共用リバースプロキシは負荷分散機能をもつHTTPリバースプロキシとして動作し，クライアントからのHTTPリクエストを受け，④ヘッダフィールド情報からWebAPを識別し，WebAPが動作するWebAPコンテナへHTTPリクエストを振り分ける。

　ヘッダフィールドの，どの情報からWebAPを識別するかが問われています。まず，図4を確認しましょう。

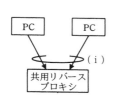

（ i ）の箇所で通信が確認できる HTTP 接続要求パケット

送信元IPアドレス	送信元ポート番号	宛先IPアドレス	宛先ポート番号
192.168.145.68	30472	192.168.0.98	80
192.168.145.154	31293	192.168.0.98	80

AP0宛ての要求❶

AP1宛ての要求❷

　上図では，HTTP接続要求パケットが二つあり，上の❶がAP0宛ての要求，下の❷がAP1宛ての要求です。❶と❷で，宛先IPアドレスと宛先ポート番号が同じです。これではAP0宛てなのかAP1宛ての通信なのか，まったくわかりません。

　では，どうやってAP0とAP1を識別しているのか。それは，PCが接続するURLの情報です。表4（以下）を参照すると，AP0とAP1では接続するURL（正確にはFQDN）が異なります。

　AP0はap0.u-sha.comで，AP1はap1.u-sha.comです。

表4　振り分けルールの例（抜粋）

AP 名	（設問のため省略）	WebAP コンテナ名	振り分け先
AP0	ap0.u-sha.com	AP0a	192.168.0.112:8000
		AP0b	192.168.0.113:8000
AP1	ap1.u-sha.com	AP1a	192.168.0.112:8001
		AP1b	192.168.0.113:8001

　このURLの情報は，HTTPヘッダのホストヘッダ（Hostヘッダ）フィールドに埋め込まれます。共用リバースプロキシは，受信したHTTP通信のホストヘッダと表4を見比べて，振り分け先を決定します。

第3章

過去問解説

令和4年度

午後Ⅱ

問2

問題

問題解説

設問解説

「ホスト」「Host」「Hostヘッダフィールド」と答えても正解になったことでしょう。ヘッダフィールドの名前を覚えている人は多くなく，正解した人は少なかったと思います。

参考までに，http://ap0.u-sha.com に接続した際のHTTPヘッダをWiresharkでキャプチャした例を以下に示します。ホストヘッダに「ap0.u-sha.com」が入っていることが確認できます。

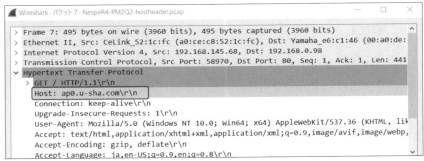

■ ホストヘッダフィールドの例（**Wireshark**）

(3) 本文中の　　オ　　に入れる適切なIPアドレス，及び　　カ　　に入れる適切なポート番号を答えよ。

問題文の該当部分は以下のとおりです。

PCが，表4中のAP0と行う通信の例を次に示す。
(1) PCのWebブラウザは，http://ap0.u-sha.com/ へのアクセスを開始する。
(2) PCはDNSを参照して，ap0.u-sha.comの接続先IPアドレスとして　　オ　　を取得する。
(3) PCは宛先IPアドレスが　　オ　　，宛先ポート番号が80番宛てへ通信を開始する。

(4) PCからのリクエストを受けた共用リバースプロキシは振り分けルールに従って振り分け先を決定する。

(5) 共用リバースプロキシは宛先IPアドレスが192.168.0.112，宛先ポート番号が　　カ　　番宛てへ通信を開始する。

(6) 仮想ルータは宛先IPアドレスが192.168.0.112，宛先ポート番号が　　カ　　番宛てへの通信について，⑤ポートフォワードの処理によって宛先IPアドレスと宛先ポート番号を変換する。

　問題文の解説でも説明しましたので（p.290），ここではポイントだけ説明します。

空欄オ

　(2) ではPCはコンテンツDNSサーバから，ap0.u-sha.comのIPアドレスを取得します。取得するIPアドレスは，共用プロキシサーバのIPアドレスです。

　なぜ共用プロキシサーバとわかったのですか？

　PCが最初にHTTPリクエストを送信するのは共用リバースプロキシだからです。この点は，下線③と下線④の間に「共用リバースプロキシは（略），クライアントからのHTTPリクエストを受け」と示されていました。

　したがって，空欄オには共用プロキシサーバのIPアドレスである，「192.168.0.98」が入ります。

解答　192.168.0.98

空欄カ

　今回は，(1) より，AP0との通信です。(4) では，表4に基づいてパケットの宛先を192.168.0.112（コンテナサーバa），宛先ポート番号を8000に書き換え，(5) でコンテナサーバaに送信します。したがって，空欄カには「8000」が入ります。

表4 振り分けルールの例（抜粋）

AP名	（設問のため省略）	WebAPコンテナ名	振り分け先
AP0	ap0.u-sha.com	AP0a	192.168.0.112:8000
		AP0b	192.168.0.113:8000
AP1	ap1.u-sha.com	AP1a	192.168.0.112:8001
		AP1b	192.168.0.113:8001

解答 8000

設問2

(4) 本文中の下線⑤について，変換後の宛先IPアドレスと宛先ポート番号を答えよ。

問題文の該当部分は以下のとおりです。

(6) 仮想ルータは宛先IPアドレスが192.168.0.112，宛先ポート番号が カ:8000 番宛てへの通信について，⑤ポートフォワードの処理によって宛先IPアドレスと宛先ポート番号を変換する。

以下の図（図4の抜粋）を見てください。仮想ルータでは，ポートフォワード機能によって，宛先IPアドレスを172.16.0.16，宛先ポート番号を80番に書き換えます。

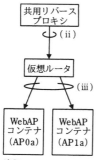

（ⅱ）の箇所で通信が確認できるHTTP接続要求パケット

送信元IPアドレス	送信元ポート番号	宛先IPアドレス	宛先ポート番号
192.168.0.98	54382	192.168.0.112	8000
192.168.0.98	34953	192.168.0.112	8001

（ⅲ）の箇所で通信が確認できるHTTP接続要求パケット

送信元IPアドレス	送信元ポート番号	宛先IPアドレス	宛先ポート番号
192.168.0.98	54382	172.16.0.16	80
192.168.0.98	34953	172.16.0.17	80

注記 ——→ は，通信の方向を示す。

■ポートフォワード機能による書換え

設問3

〔コンテナ仮想化技術を利用した専用APの構成〕について, (1), (2) に答えよ。

(1) 本文中の下線⑥について, 専用APごとに確認が必要な仮想ルータの ネットワーク機能を二つ答えよ。

下線⑥は以下のとおりです。

⑥PCや共用DBサーバなどといった外部のホストとの通信の際に, 仮想 ルータのネットワーク機能を使用しても専用APが正常に動作することを 確認する必要があると考えています。

> ネスペ試験にありがちな, 何を答えていいのか よくわからない問題です。

たしかにそうですね（苦笑）。こういう場合は, 設問文のヒントをもとに, 答えを問題文から探しましょう。設問文には「仮想ルータ」「ネットワーク 機能」とあります。「仮想ルータ」の機能に関する問題文の記述は非常に少 なく, 以下の箇所しかありません。

> 「コンテナサーバは仮想ブリッジ, 仮想ルータをもち, NICを経由して L2SWと接続する」

> 「仮想ルータの上で動作するNAPT機能とTCPやUDPのポートフォワー ド機能を利用して, PCや共用DBサーバなどといった外部のホストと通 信する」

第3章
令和4年度 過去問解説
午後Ⅱ
問2
問題
問題解説
設問解説

しかも、「機能」としては、「NAPT**機能**」と「ポートフォワード**機能**」と、丁寧に記載があります。実は、この二つをそのまま答えるサービス問題でした。

解答	①NAPT機能　　　②ポートフォワード機能

補足します。専用APは、TCP/IPを使った独自プロトコルを利用します。問題文でも解説したとおり、独自プロトコルで通信する際に、NAPT機能やポートフォワード機能によって正しく通信できないことがあります。ですので、専用APがコンテナで正しく動作することを確認するために、仮想ルータのNAPT機能やポートフォワード機能を使っても正しく動作するかを確認します。

設問3

（2）本文中の下線⑦について、どのような仕組みが必要か。40字以内で答えよ。

問題文の該当部分は以下のとおりです。

> ⑦同じポート番号を使用する専用APが幾つかあるので、これらの専用APに対応できる負荷分散機能をもつ製品が必要になります。

専用APが二つ（AP3とAP4）があり、宛先ポート番号はAP3とAP4のどちらも9999だとします。

p.297の参考欄で解説したとおり、ポートが分かれている場合の振り分け設定は単純です。しかし、同じポート番号を使うAPを振り分けるのは、簡単ではありません。なぜなら、負荷分散装置に届くパケットは、宛先IPアドレスもポート番号も、どちらも同じだからです。

だったら、識別できませんね。

そうです。そこで，APごとに接続先のIPアドレスを分けます。負荷分散装置が複数の仮想IPアドレスをもつようにして，たとえば，AP3は192.168.0.93，AP4は192.168.0.94にします。

解答例は以下のとおりですが，この問題は難しい問題でした。正解できた人は少なかったと思います。

> **解答例** 複数のIPアドレスを設定し，IPアドレスごとに専用APを識別する仕組み（35字）

参考として，実際の負荷分散装置の設定例を紹介します。構成は以下のとおりです。負荷分散装置には，AP3用の仮想IPアドレスとして，192.168.0.93，AP4用の仮想IPアドレスとして，192.168.0.94を割り当てました。宛先ポート番号はAP3とAP4のどちらも9999番です。

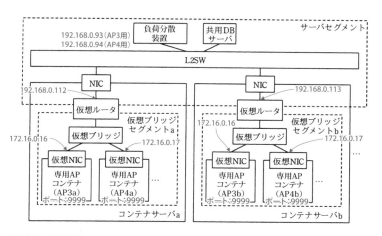

■ **負荷分散装置の設定例**

この場合，負荷分散装置と仮想ルータでは，次ページの振り分け表に従って振り分けをします。

振り分け前のパケット （PC→負荷分散装置）		振り分け後のパケット （負荷分散装置→コンテナサーバ）	
宛先IPアドレス	宛先ポート番号	宛先IPアドレス	宛先ポート番号
192.168.0.93	9999	192.168.0.112（コンテナサーバa）	19999
		192.168.0.113（コンテナサーバb）	19999
192.168.0.94	9999	192.168.0.112（コンテナサーバa）	29999
		192.168.0.113（コンテナサーバb）	29999

コンテナサーバでは，仮想ルータにて，以下のルールでポートフォワード
を行います。

■ ポートフォワードの変換ルール

変換前	変換後	
宛先ポート番号	宛先IPアドレス	宛先ポート番号
19999	172.16.0.16（AP3）	9999
29999	172.16.0.17（AP4）	9999

設問4

〔監視の検討〕について，（1）～（3）に答えよ。
（1）本文中の 　キ　 ～ 　ケ　 に入れる適切な字句を答えよ。

ここでは，監視の仕組みに関する基本的なキーワードが問われています。
問題文の該当箇所を再掲します。

ping監視は，監視サーバが監視対象の機器に対してICMPのエコー要求
を送信し，一定時間以内に 　キ　 を受信するかどうかで，IPパケッ
トの到達性があるかどうかを確認する。TCP接続監視では，監視サー
バが監視対象の機器に対してSYNパケットを送信し，一定時間以内に
　ク　 パケットを受信するかどうかで，TCPで通信ができるかどう
かを確認する。URL接続監視では，監視サーバが監視対象の機器に対し
てHTTP 　ケ　 メソッドでリソースを要求し，一定時間以内にリソー

スを取得できるかどうかでHTTPサーバが正常稼働しているかどうかを確認する。

pingは，ICMPのエコー要求（Echo Request）を監視対象ホストに送信します。エコー要求を受信した監視対象ホストは，エコー応答（Echo reply）を返信します。エコー要求（返信）を受信すると，監視対象ホストが稼働していると判断します。よって，空欄キに入るのは「エコー応答」です。

> エコーリプライとか Echo Reply と書いてはダメでしょうか？

その直前に "**エコー要求**を送信" とあるので，それに合わせて「カタカナ＋漢字」で書くべきです。書き方ひとつで不正解になる可能性は多いにあります。減点されにくい答案を書くことを意識してください。

> **解答** エコー応答

3ウェイハンドシェイクの仕組みを簡単に復習しましょう。TCPの接続は，3回のパケットの送受で確立します。3回（3ウェイ）で接続（ハンドシェイク）するので，3ウェイハンドシェイクと呼ばれます。最初のパケットは監視サーバから監視対象の機器へのSYNパケットです。SYNパケットを受信した監視対象の機器は，SYN/ACKパケットを返信します。SYN/ACKパケットを受信した監視サーバは，ACKパケットを送信します。よって，空欄クに入るのは「SYN/ACK」です。

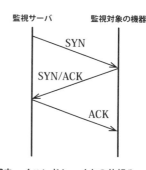

■3ウェイハンドシェイクの仕組み

> **解答** SYN/ACK

HTTPの仕組みを簡単に説明します。WebブラウザなどのHTTPクライアントは, HTTPプロトコルのGETメソッドをHTTPサーバに送信します。要求を受信したHTTPサーバは, GETメソッドで指定されたコンテンツをHTTPクライアントに返信します。よって, 空欄ケに入るのは「GET」です。

解答	GET

(2) 本文中の下線⑧について, 表5中の項番2, 項番4, 項番7で障害検知し, それ以外は正常の場合, どこに障害が発生していると考えられるか。表5中の字句を用いて障害箇所を答えよ。

問題文の該当箇所は以下のとおりです。

⑧表5のように複数の監視を組み合わせることによって, 監視サーバによる障害検知時に, 監視対象の状態を推測することができる。

表5の監視について, 検知した情報から障害は発生した箇所がどこかが問われています。表5に, 設問で示された障害検知を書き入れます。

表5　図3中の機器の監視方法（抜粋）

項番	監視種別	監視対象	設定値
1 ○	ping 監視	共用リバースプロキシ	192.168.0.98
2 ✕		コンテナサーバ a	192.168.0.112
3 ○		コンテナサーバ b	192.168.0.113
4 ✕	TCP 接続監視	WebAP コンテナ（AP0a）	192.168.0.112:8000
5 ○		WebAP コンテナ（AP0b）	192.168.0.113:8000
6 ○	URL 接続監視	共用リバースプロキシ	http://ap0.u-sha.com:80/index.html
7 ✕		WebAP コンテナ（AP0a）	http://192.168.0.112:8000/index.html
8 ○		WebAP コンテナ（AP0b）	http://192.168.0.113:8000/index.html

■ ✕障害検知した項番

これを見ると，コンテナサーバa（項番2）とAP0a（項番4，項番7）で障害が検知されたようです。これを，これを図3に当てはめたのが下図です。

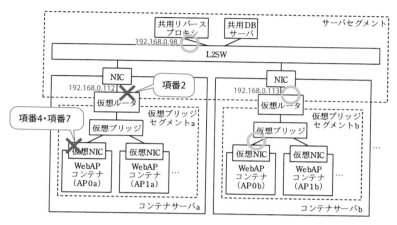

■障害検知した監視対象

これを見ると一目瞭然です。コンテナサーバaで障害が発生したと考えられます。

解答	コンテナサーバa

他の原因の可能性はありませんか？

可能性だけをいえば，いろいろあると思います。たとえば，コンテナサーバaは正常に起動していて，コンテナサーバのファイアウォール設定でpingを拒否してping監視が成功していないだけかもしれません。その場合，故障しているのはWebAPコンテナ（AP0a）かもしれません。

ただ，試験で大事なのは**作問者との対話**です。作問の穴やアラを探すのではなく，作問者が用意したヒントに従って，作問者が意図する答えを書くべきです。また，設問文には「表5中の字句を用いて」とあるので，「NIC」などは正解になりません。素直に答えると，解答例になります。

（3）本文中の下線⑧について，表5中の項番4，項番7で障害検知し，それ以外は正常の場合，どこに障害が発生していると考えられるか。表5中の字句を用いて障害箇所を答えよ。

　設問4（2）の続きです。表5の中の字句を答える時点で解答の選択肢は多くありませんし，素直に考えれば，簡単でした。

　設問4（2）と異なるのは，項番2（コンテナサーバa）の監視は正常である点です。項番4・項番7だけ障害が発生しています。いずれもWebAPコンテナ（AP0a）に対する監視です。よって，WebAPコンテナ（AP0a）に障害が発生していると考えられます。

解答	WebAPコンテナ（AP0a）

設問5

　〔移行手順の検討〕について，（1）〜（4）に答えよ。

（1）表6中の下線⑨について，WebAPコンテナで動作するAPの動作確認を行うために必要になる，テスト用のPCの設定内容を，DNS切替えに着目して40字以内で述べよ。

　表6を部分的に再掲します。

項番	概要	内容
1	WebAPコンテナの構築	コンテナサーバ上にWebAPコンテナを構築する。
2	共用リバースプロキシの設定	WebAPコンテナに合わせて振り分けルールの設定を行う。
3	WebAPコンテナ監視登録	監視サーバにWebAPコンテナの監視を登録する。
4	動作確認	⑨テスト用のPCを用いて動作確認を行う。
5	DNS切替え	DNSレコードを書き換え，APサーバからWebAPコンテナへ切り替える。

　問題文でも述べましたが，項番4の時点では，DNSの設定が切り替わっていません（切替えは項番5）。よって，このままAP0（ap0.u-sha.com）に接

続試験をすると，従来の物理APサーバに接続してしまいます。

　そこで，動作確認では，共用リバースプロキシ（192.168.0.98）経由で
WebAPコンテナにアクセスさせる必要があります

> では，PCのブラウザには http://192.168.0.98 と
> 入力するのですか？

　いいえ，その場合，下線④のヘッダフィールド（ホストヘッダ）にWeb
APを識別する情報（AP0やAP1のFQDN）が送られず，共用リバースプロ
キシでは振り分け先を識別できません。

　なので，http://ap0.u-sha.comと入力して接続する必要があります。ただし，
DNSの設定はまだされていないので，DNSの代わりにPC内部で ap0.u-sha.
com → 192.168.0.98 の名前解決をできるようにします。

　その方法ですが，WindowsやLinuxには，名前解決をローカルホスト内で
行うための設定ファイルとして，hostsファイルがあります（Windowsの場
合はC:¥Windows¥system32¥drivers¥etc¥hosts，Linuxの場合は/etc/hosts）。

　設問ではテスト用PCの設定内容が問われています。PC内のhostsファイ
ルにAPのFQDNと共用リバースプロキシのIPアドレスを登録することを端
的に答えます。

> **解答例**　APのFQDNとIPアドレスをPCのhostsファイルに記載する。（33字）

　hostsファイルの設定例は以下のとおりです。Windowsのhostsファイル
を見ると，コメント（先頭が#）として，書き方のサンプルなどが記載され
ています。

■ hostsファイルの設定例

```
# For example:
#
#       102.54.94.97       rhino.acme.com         # source server
#        38.25.63.10       x.acme.com             # x client host

192.168.0.98  ap0.u-sha.com    ←ap0.u-sha.comと192.168.0.98を対応づける
```

でも，DNSサーバに ap0.u-sha.com を問い合わせると，
違う IP アドレスが返ってきますよね？

　なるほど，hosts ファイルで名前解決をすると 192.168.0.98（共用リバー
スプロキシ）だけど，DNSサーバで名前解決をすると 192.168.0.16（物理
AP サーバの IP アドレス）と答える。どちらを信用するか，という質問ですね。

　名前解決には優先度があり，DNSサーバよりも hosts ファイルのほうが優
先されます。よって，192.168.0.98（共用リバースプロキシ）に通信します。

設問5

(2) 表6中の下線⑩について，AP サーバ停止前に確認する内容を40字以
内で述べよ。

　表6の項番5〜7を再掲します。

項番	概要	内容
5	DNS 切替え	DNS レコードを書き換え，AP サーバから WebAP コンテナ へ切り替える。
6	AP サーバ監視削除	監視サーバから AP サーバの監視を削除する。
7	AP サーバの停止	⑩停止して問題ないことを確認した後に AP サーバを停止する。

　表6の項番5でDNSコードの書換えを行っても，TTLで定められた時間
は，新しい情報に書き変わらない可能性があります。そうなると，古い物理
AP サーバに接続してしまいます。この状態でAPサーバを停止してしまう
と，一部のPCがAPサーバに接続できなくなります。もちろん，切替え後
のコンテナサーバにも接続できません。PCはap0.u-sha.comのIPアドレス
が192.168.0.16だと覚えており，古い物理APサーバに接続しようとし続け
るからです。

では，「APサーバからWebAPコンテナに切り替わったことを確認する」という解答はどうでしょう？

　まあ，個人的にはそれでも正解にしたいと思います。ただ，問われているのは「APサーバの停止」に関する内容です。APサーバを停止する条件は，完全に切り替わったことを待つことではありません。移行作業の中で，APサーバが**不要になった時点**でAPサーバを停止できます。解答例はその観点になっています。

> **解答例** APサーバに対するPCからのアクセスがなくなっていることを確認する。（34字）

　設問では，「確認する内容」が問われているので，語尾を「〜を確認する」としましょう。また，アクセスがなくなったかの確認方法は，APサーバのアクセスログを見ることや，APサーバ付近でパケットキャプチャをすることです。しかし，問題文にアクセスログを取っているなどの記載はありません。憶測で「アクセスログで確認する」などと踏み込んで書くことはおすすめしません。

第3章 過去問解説 令和4年度 午後Ⅱ 問2 問題 問題解説 設問解説

設問5

(3) 本文中の下線⑪について，TTLを短くすることによって何がどのように変化するか。40字以内で述べよ。

　問題文から下線⑪の箇所を再掲します。

⑪あらかじめ，DNSのTTLを短くしておく方が良いですね。

　DNSでTTLを短くしておくと，キャッシュDNSサーバ内で保持されるキャッシュの保持時間が短くなります。つまり，（項番5の）DNSレコードを書き換え後，新しいIPアドレスへの切替えが早く行えます。

結果的に WebAP の移行作業が早く終わるわけですね。
これが答えでしょうか。

　そこまで行くと，踏み込みすぎです。以下，一番左の事実から，右に向かっ
て順番に論理が展開されていきます。このとき，どこを答えるかなのですが，
なるべく，事実に一番近いところを答えます。右に論理が展開するにつれて，
解答に幅が出るので，正解が一つになりにくいからです。

　特に今回は，Ｏ課長の話題は「DNS切替え」です。WebAP の移行の内容
を答えるのは，飛躍しすぎといえます。
　解答の組み立て方ですが，設問の指示どおり"何が"と"どのように"に
着目して回答します。まず"何が"です。DNS の TTL を短くすることで影
響を受けるのは，キャッシュ DNS サーバの DNS キャッシュです。これが"ど
のように"変化するかというと，キャッシュの保持時間が短くなります。こ
れらを組み合わせると解答例のようになります。

> 解答例　キャッシュ DNS サーバの DNS キャッシュを保持する時間が短くな
> る。（33字）

　答えだけを見ると当たり前のことを書いてあり，逆に答えづらかったかも
しれません。

設問5

（4）本文中の下線⑫について，3パターンそれぞれで AP の動作確認を行う
　　目的を二つ挙げ，それぞれ35字以内で述べよ。

問題文の該当部分は以下のとおりです。

O課長：動作確認はどのようなことを行うか詳しく教えてください。
Rさん：はい。WebAPコンテナ2台で構成する場合は，⑫次の3パターン
　　　　それぞれでAPの動作確認を行います。一つ目は，全てのWebAP
　　　　コンテナが正常に動作している場合，二つ目は，2台のうち1台
　　　　目だけWebAPコンテナが停止している場合，最後は，2台目だ
　　　　けWebAPコンテナが停止している場合です。また，障害検知の
　　　　結果から，正しく監視登録されたことの確認も行います。

「動作確認を行う目的」といわれても，何を答えていいのか，
さっぱりわかりません。

　たしかに難しいのですが，答えは非常に単純です。採点講評には，「正答
率が低かった。本問の動作確認を行う目的は，移行手順に記載の作業が正し
く行われたことを確認するためである」とあります。
　順に説明します。O課長は，「動作確認」について聞いています。これは，
表6の項番4の「動作確認」です。表6の項番4までを再掲します。

項番	概要	内容
1	WebAP コンテナの構築	コンテナサーバ上に WebAP コンテナを構築する。
2	共用リバースプロキシの設定	WebAP コンテナに合わせて振り分けルールの設定を行う。
3	WebAP コンテナ監視登録	監視サーバに WebAP コンテナの監視を登録する。
4	動作確認	⑨テスト用の PC を用いて動作確認を行う。

　採点講評にあるように，動作確認をする目的は，それまでの項番1～3に
よる作業が正しく行われたかを確認するのです。しかも，下線⑫のあとに「ま
た，障害検知の結果から，正しく監視登録されたことの確認も行います」と
あり，これは項番3の確認です。

ということは，残る項番1と項番2を確認した
ということですか？　単純すぎませんか？

いえ，この二つを素直に書けば，正解でした。

解答例
①WebAPコンテナ2台が正しく構築されたことを確認するため（29字）
②共用リバースプロキシの設定が正しく行われたことを確認するため（30字）

では，下線⑫の3パターンについて，確認内容を整理します。

■3パターンの動作の確認内容

試験パターン		確認内容	
		共用リバースプロキシ	WebAPコンテナ
一つ目	全てのWebAPコンテナが正常に動作している場合	正しく設定され，2台のWebAPコンテナに処理を振り分けていることを確認	WebAPコンテナのどちらかが正常に動作していることを確認
二つ目	2台のうち1台目だけWebAPコンテナが停止している場合	正常なWebAPコンテナのみに処理を振り分けていることを確認	2台目のWebAPコンテナが正常に動作していることを確認
最後	2台目だけWebAPコンテナが停止している場合		1台目のWebAPコンテナが正常に動作していることを確認

　このように，WebAPコンテナを順番に停止させながら，解答例の二つを
確認していることがわかります。

　解説は以上です。おつかれさまでした。

戦後初の三冠王で，ヤクルトや楽天などで監督をされた野村克也さんの本に『弱者の兵法』（アスペクト）というのがある。この言葉が私はとても好きである。個人の持って生まれた能力だけで戦うのではなく，情報を収集し，自分の強みを活かし，戦略を立てて戦うのである。

野村さんは，王さんや長嶋さんと比較して，自分のことを「月見草」などと謙遜されることが多くあった。とはいえ，残した成績は素晴らしく，野球界のスーパースターである。それほどの実力があるにもかかわらず，自分の強みや弱みを理解し，その上で戦っているのである。

一流選手がそのような戦いをするのであれば，私のような超凡人が普通に戦っていては，連戦連敗となってしまう。私の数少ない強みの一つは，弱者の戦い方が少しできるところだと思う。特に，自分の弱みを理解している。人の上に立てるような立派な人物ではないことはわかっている。しかし，だからといって人生を楽しめないかというとそうでもない。

私は長年，自分の弱みが露呈しないようにしながら，どうやったら楽しく，そして自分の能力を発揮できるかを考えてきたと思う。東進ハイスクールの林修先生（実は高校の先輩です）も，最初は数学の先生だった。自分がより活躍できる場として現代文の先生に変えたとのこと。私が執筆業に足を踏み入れたのも，猛烈に本が書きたかったからではない。本を書きたいという夢はあったものの，ずっと書き続けるとは思ってもいなかった。私は学生のときからバスケを長年やってきたので，そりゃ，できることなら，バスケで活躍できれば最高である。だが，才能がないというか，運動神経はゼロに近いので，できるわけがない。コンサルティングにあこがれた時代もあったけど，中小企業診断士試験には受からなかった。仮に受かったとしても，私のコミュニケーション能力では，たかがしれている。

じゃあ，自分が得意なのは何か。ITだよね。

ITの世界で戦うにしても，私はサラリーマンとしての能力は非常に低い。コミュニケーション能力が不足しているうえ，無駄な会議が嫌などと，組織行動に向かない面倒な性格なのだ。そう考えると，執筆は私との相性が良かった。幸いなことに，仕事が休みの土日にそれぞれ15時間くらい延々と執筆をしていても，めちゃくちゃ疲れるが，嫌にはならなかった。おそらくこれも強みだ。

たいした人生ではないので，偉そうに語れる立場でもない。ただ，自分が弱者だと認識し，弱者なりにどうすればより楽しくなれるかを考えたことは，自分の人生を少し明るくできたと思っている。

設問			IPA の解答例・解答の要点		予想配点
設問1	(1)	ア	ハイパーバイザ		3
		イ	**VRID**		3
		ウ	**255**		3
		エ	**A**		3
	(2)		ホストサーバが停止した場合，AP 仮想サーバが 2 台とも停止する。		6
	(3)		バックアップが，VRRP アドバタイズメントを決められた時間内に受信しなくなる。		7
設問2	(1)		外部ではコンテナサーバに付与した IP アドレスが利用されることはないから		6
	(2)		ホストヘッダフィールド		4
	(3)	オ	**192.168.0.98**		3
		カ	**8000**		3
	(4)	宛先IPアドレス	**172.16.0.16**		4
		宛先ポート番号	**80**		
設問3	(1)	①	・NAPT 機能		3
		②	・ポートフォワード機能		3
	(2)		複数の IP アドレスを設定し，IP アドレスごとに専用 AP を識別する仕組み		6
設問4	(1)	キ	エコー応答		3
		ク	**SYN/ACK**		3
		ケ	**GET**		3
	(2)		コンテナサーバ a		3
	(3)		**WebAP** コンテナ（AP0a）		3
設問5	(1)		**AP** の FQDN と IP アドレスを PC の hosts ファイルに記載する。		6
	(2)		**AP** サーバに対する PC からのアクセスがなくなっていることを確認する。		6
	(3)		キャッシュ DNS サーバの DNS キャッシュを保持する時間が短くなる。		6
	(4)	①	・WebAP コンテナ 2 台が正しく構築されたことを確認するため		5
		②	・共用リバースプロキシの設定が正しく行われたことを確認するため		5
				合計	100

Takuya.O さんの解答	正誤	予想採点	ぶるぽんさんの解答	正誤	予想採点
ハイパーバイザ	○	3	ハイパーバイザ	○	3
FQDN	×	0	VRID	○	3
65536	×	0	256	×	0
A	○	3	A	○	3
停止した場合、2 つの AP とも停止し可用性が停止する	△	4	ホストサーバの障害時に AP へのアクセスに対する応答が返ってこなくなる。	×	0
通常 1 秒間ごとにやりとりされる VRRP アドバタイズメントが取得できなくなること	△	6	マスタから VRRP における Hello パケットに対する応答が一定時間内にないときマスタが停止したと判定	○	7
仮想ルータの NAPT 機能により、IP アドレスが変換され重複が発生しなくなるから	△	5	各仮想ブリッジセグメントは異なる VLAN に所属させているため	×	0
リファラ	×	0	URI ヘッダフィールド	×	0
192.168.0.98	○	3	192.168.0.98	○	3
8000	○	3	8000	○	3
172.16.0.16	○	4	172.16.0.16	○	4
80	○		80	○	
・NPAT 機能	○	3	・NPAT 機能	○	3
・ポートフォワード機能	○	3	・TCP や UDP のポートフォワード機能	○	3
ポート番号以外でセッションを継続できるステート管理機能を持つこと	×	0	HTTP 以外のプロトコルにも対応できる負荷分散機能をもつリバースプロキシの仕組み	×	0
echo reply	○	3	エコー応答	○	3
ACK	×	0	SYN/ACK	○	3
GET	○	3	GET	○	3
コンテナサーバ a	○	3	コンテナサーバ a	○	3
WebAP コンテナ（AP0a）	○	3	WebAP コンテナ（AP0a）	○	3
AP サーバのホスト名と共用リバースプロキシサーバの IP アドレスを紐付ける	△	3	hosts に AP の FQDN と共用リバースプロキシの IP アドレスの組を登録する。	○	6
DNS キャッシュサーバに DNS レコードが反映されていること	×	0	社外と AP サーバ間のセッションが一定期間発生しないことを確認する。	△	2
DNS キャッシュサーバの DNS レコードの更新間隔が早くなる	○	6	キャッシュ DNS サーバがレコードのキャッシュを破棄する間隔が短くなる。	○	6
・負荷分散として、アクセスが振り分けられることを確認する	△	3	・共用リバースプロキシの負荷分散機能が正常に動作している事を確認するため	○	5
・障害対策として、片方が停止しても AP が稼働することを確認する	×	0	・共用リバースプロキシのヘルスチェックが正常に動作している事の確認のため	×	0
	予想点合計	**61**		予想点合計	**66**

ハードウェア能力の拡大によってハイパーバイザによるサーバ仮想化技術は数多く利用されてきたが，近年では，ゲストOSを必要とせずCPUやメモリなどの負荷が小さいなどリソースの無駄が少ないことや，アプリケーションプログラムの起動に要する時間を短くできるなどの理由でコンテナ仮想化技術の利用が進んでいる。

本問では，サーバ仮想化技術の利用やコンテナ仮想化技術の利用を題材に，ネットワーク構成に視点を置いて，可用性の確保方法やコンテナ仮想化技術を踏まえた監視方法，アプリケーションシステムの移行方法，移行する上での課題について問う。

問2では，サーバ仮想化技術の利用やコンテナ仮想化技術の利用を題材に，ネットワーク構成に視点を置いて，可用性の確保方法やコンテナ仮想化技術を踏まえた監視方法，アプリケーションシステムの移行方法，移行する上での課題について出題した。全体として正答率は平均的であった。

設問1（3）は，正答率が低かった。VRRPは可用性確保のためによく利用される技術であり，動作原理について正確に理解してほしい。

設問2(2)は，正答率が低かった。HTTPのヘッダフィールド情報のうち，ホストヘッダフィールドを用いてアプリケーションを識別する技術はリバースプロキシでよく利用される。HTTPプロトコルの特徴を踏まえ理解を深めてほしい。

設問5（4）は，正答率が低かった。本問の動作確認を行う目的は，移行手順に記載の作業が正しく行われたことを確認するためである。共用リバースプロキシの動作確認だけに着目した解答が散見された。本文中に示された状況をきちんと読み取り，正答を導き出してほしい。

■出典
「令和4年度 春期 ネットワークスペシャリスト試験 解答例」
https://www.jitec.ipa.go.jp/1_04hanni_sukiru/mondai_kaitou_2022r04_1/2022r04h_nw_pm2_ans.pdf
「令和4年度 春期 ネットワークスペシャリスト試験 採点講評」
https://www.jitec.ipa.go.jp/1_04hanni_sukiru/mondai_kaitou_2022r04_1/2022r04h_nw_pm2_cmnt.pdf

夢にお金はいらない

IT業界で上り詰めた人達はみな，お金があったから成功したわけではない。ソフトバンクの孫正義氏，アップルのスティーブ・ジョブズ氏なども含め，多くの成功者は最初は小さなガレージのようなところから会社をスタートしている。ようは，お金じゃない。

それと，夢に関して，もう一つ思うことがある。

「夢に大きいも小さいもない」

どんな小さなことでも，夢があるだけで人生がワクワクする。その夢は，ビル・ゲイツ氏のような大成功ではなくてもいい。世間の人がイメージするようなわかりやすい「夢」じゃなくても，明るい「未来」や「希望」「目標」でもいいと思う。

資格を取ることは，目標に分類されるかもしれない。だが，私にとっては，ネットワークスペシャリスト試験に合格することが，夢であり希望だった。

資格の勉強をしているときは，毎日欠かさず朝早く起きて勉強。通勤電車や移動時間も勉強。昼休憩もご飯を食べながらテキストを読む。仕事も忙しかったから，当時はすごくキツかった。でも，合格に向けて燃えていて，充実していて，そういう意味ではすごく楽しかった。

本を出そうと思って原稿を書き始めたときも，「ベストセラーを出すぞ」と意気込んでいた。小学生のときに「ウルトラマンになりたい」と思ったのと同じくらい無邪気だった。

歳を重ねて，いろいろなものが劣化していく。だが，今後も，どんな小さな夢でもいいので，目を輝かせて毎日を生きたいと思う。

★基礎知識の学習は『ネスペ教科書』で

ネットワークスペシャリスト試験を長年研究した
著者だから書ける

『ネスペ教科書 改訂2版』(星雲社)

A5判／324ページ／本体1,980円＋税
ISBN978-4434269806

ネットワークスペシャリスト試験に出るところだけを厳選して解説しています。「ネスペ」シリーズで午後対策をする前の一冊として，ぜひご活用ください。

★アウトプットできてこそ，合格がある！

合格者を多数輩出する「ネスペ試験対策講座」の
エッセンスを丸ごと書籍化

『[左門式ネスペ塾] 手を動かして理解する

ネスペ「ワークブック」』(技術評論社)

A5判／344ページ／本体2,600円＋税
ISBN978-4-297-12996-5

技術知識を本質から理解することを目的に，短答式問題を解きながら知識を整理・確認するほか，ネットワーク構成や設計を考えたり実機での演習を行うなど，手を動かして理解を深めることを重視した対策本。

★ネットワークとセキュリティの研修なら左門至峰にお任せください

ネットワークスペシャリストの試験対策セミナーや，ネットワークのハンズオン研修を実施しています。

「ネスペ」シリーズの著者である左門至峰が，本質に踏み込んだわかりやすい研修を実施します。

詳しくは，ホームページをご覧いただき，お問い合わせください。

株式会社エスエスコンサルティング
https://seeeko.com/

■ 著者

左門 至峰 （さもん しほう）

ネットワークスペシャリスト。執筆実績として，本書のネットワークスペシャリスト試験
対策『ネスペ』シリーズ（技術評論社），『FortiGate で始める 企業ネットワークセキュリ
ティ』（日経 BP 社），『ストーリーで学ぶ ネットワークの基本』（インプレス），『日経
NETWORK』（日経 BP 社）や「INTERNET Watch」での連載などがある。
また，講演や研修・セミナーも精力的に実施。
保有資格は，ネットワークスペシャリスト，テクニカルエンジニア（ネットワーク），技
術士（情報工学），情報処理安全確保支援士，プロジェクトマネージャ，システム監査技
術者，IT ストラテジストなど多数。

平田 賀一 （ひらた のりかず）

システムエンジニアとして，SaaS のサービスオペレーション業務に従事。執筆実績は，『IT
サービスマネージャ「専門知識＋午後問題」の重点対策』（アイテック）など。
保有資格は，ネットワークスペシャリスト，技術士（情報工学部門，電気電子部門，総合
技術監理部門）など。
最近は AWS や Azure を利用する業務が多く，大好きな物理作業が減ったのが悩みどころ。
時代が変わったと気持ちを切り替えて，Terraform と Ansible と k8s を勉強中。

答案用紙ダウンロードサービス

ネットワークスペシャリスト試験の午後Ⅰ，午後Ⅱの答案用紙をご用意しました。
本試験の形式そのものではありませんが，試験の雰囲気が味わえるかと思います。
ダウンロードし，プリントしてお使いください。

https://gihyo.jp/book/2022/978-4-297-13162-3/support

カバーデザイン ◆ SONICBANG CO.,
カバー・本文イラスト ◆ 後藤 浩一
p.259「ネットワーク SE Column4」イラスト ◆ きたがわ かよこ
本文デザイン・DTP ◆ 田中 望
編集担当 ◆ 熊谷 裕美子

ネスペ R4
れいわよん

―本物のネットワークスペシャリストに
なるための最も詳しい過去問解説
ほんもの　　　　　　　　　　　　もっと　くわ　　か こもんかいせつ

2022 年 11 月 29 日　初　版　第 1 刷発行

著　者　左門 至峰・平田 賀一
　　　　さもんしほう　ひらたのりかず
発行者　片岡　巌
発行所　株式会社技術評論社
　　　　東京都新宿区市谷左内町 21-13
　　　　電話　03-3513-6150　販売促進部
　　　　　　　03-3513-6166　書籍編集部
印刷／製本　昭和情報プロセス株式会社

定価はカバーに表示してあります。

ISBN978-4-297-13162-3　C3055

Printed in Japan

■ 問い合わせについて

　本書に関するご質問については、本書に記
載されている内容に関するもののみとさせて
いただきます。本書の内容と関係のないご質
問につきましては、一切お答えできませんの
で、あらかじめご了承ください。また、電話
でのご質問は受け付けておりませんので、
FAX か書面にて下記までお送りください。弊
社の Web サイトでも質問用フォームを用意し
ておりますのでご利用ください。

　なお、ご質問の際には、書名と該当ページ、
返信先を明記してくださいますよう、お願い
いたします。

　お送りいただいたご質問には、できる限り迅
速にお答えできるよう努力いたしております
が、場合によってはお答えするまでに時間がか
かることがあります。また、回答の期日をご指
定なさっても、ご希望にお応えできるとは限り
ません。あらかじめご了承くださいますよう、
お願いいたします。

■ 問い合わせ先

〒 162-0846
東京都新宿区市谷左内町 21-13
　　株式会社技術評論社　書籍編集部
　　「ネスペ R4」係
　　　FAX 番号　　：03-3513-6183
　　技術評論社 Web：https://gihyo.jp/book